FRIEDRICH PAESLER und HORST KÜHN

Bestimmungsschlüssel für die Gattungen freilebender und pflanzenparasitischer Nematoden

WISSENSCHAFTLICHE ABHANDLUNGEN

Nr. 55

BESTIMMUNGSSCHLÜSSEL FÜR DIE GATTUNGEN FREILEBENDER UND PFLANZENPARASITISCHER NEMATODEN

von

FRIEDRICH PAESLER und HORST KÜHN

Mit 14 Tafeln

DEUTSCHE AKADEMIE
DER LANDWIRTSCHAFTSWISSENSCHAFTEN ZU BERLIN

AKADEMIE-VERLAG · BERLIN
1962

Anschriften der Verfasser:

Dr. rer. nat. Friedrich Paesler
Naumburg/Saale, Kramerplatz 1

Dr. rer. nat. Horst Kühn
Berlin-Treptow, Graetzstr. 36

1962

Herausgegeben von der Deutschen Akademie der Landwirtschaftswissenschaften zu Berlin
Vorgelegt von Herrn Prof. Dr. Hey, Kleinmachnow, und Herrn Prof. Dr. Reinmuth, Rostock
Erschienen im Akademie-Verlag GmbH, Berlin W 8, Leipziger Straße 3—4

Lizenznummer: 202 · 100/454/62
Gesamtherstellung: VEB Druckerei „Thomas Müntzer" Bad Langensalza
Bestellnummer: 2068/55 · ES 18 G 3 · Preis: DM 17,—

INHALTSVERZEICHNIS

Vorwort 7

A. Allgemeiner Teil

I. Übersicht über Morphologie und Anatomie der Nematoden . . . 9

II. Einfache Methoden zum Isolieren der Älchen 11

III. Das provisorische Aufbewahren von Nematoden 12

IV. Das Fixieren 12

V. Das Anfertigen von Dauerpräparaten 12

VI. Das Bestimmen 13

B. Spezieller Teil

I. a) Schlüssel zum Bestimmen der Gattungen freilebender Erd- und Süßwassernematoden ohne Mundstachel 15

I. b) Gattungsschlüssel bodenbewohnender und phytopathogener Nematoden mit Mundstachel 40

II. Übersicht über die Untergattungen der Gattung *Bunonema* . . 58

III. Übersicht über die Familie *Diplogasteridae* und die Untergattungen und Formengruppen der Gattung *Diplogaster* 59

Literaturverzeichnis 64

Verzeichnis der im Schlüssel berücksichtigten Gattungen und Untergattungen 66

Tafelanhang 69

VORWORT

Da in den nächsten Jahren mit einem umfassenden, vorwiegend den praktischen Belangen Rechnung tragenden Bestimmungswerk für freilebende und pflanzenparasitische Nematoden in deutscher Sprache kaum zu rechnen sein dürfte, haben wir versucht, die Lücke, die zwischen den älteren deutschen taxonomischen Übersichten und dem heutigen internationalen Stand der Nematodentaxonomie klafft, mit der vorliegenden Übersicht über die Gattungen der freilebenden und pflanzenparasitischen Nematoden wenigstens teilweise zu schließen. Wie jedes taxonomische Hilfsmittel, das allgemeinverständlich bleiben will, wird auch der vorliegende Gattungsschlüssel nur zum Teil den gestellten Anforderungen genügen können. Für Mitteilung von auftretenden Schwierigkeiten bei der Bestimmung und für ergänzende Hinweise und Verbesserungen wären die Verfasser dankbar.

Eine kurze Einführung in die Morphologie und Anatomie der Nematoden und einige praktische Hinweise zum Sammeln, Konservieren, Präparieren und Bestimmen sollen dem Praktiker und Anfänger helfen, die Anfangsschwierigkeiten leichter zu überwinden. Zur Erleichterung der Bestimmung und zum besseren Verständnis unvermeidlicher Fachausdrücke sind dem Schlüssel eine Reihe von Bildtafeln zu Vergleich und Information beigegeben. (Die römischen Zahlen im Text verweisen auf die entsprechende Tafel, die arabischen Zahlen und Buchstaben auf die Figuren.) Die Zusammenstellung der Gattungstypen erfolgte — ohne Rücksicht auf ihre Stellung im System — nur auf Grund von Ähnlichkeiten oder Gemeinsamkeiten. Typische, häufige oder wirtschaftlich bedeutsame Arten werden bewußt nicht herausgestellt. Die am Ende der kurzen Gattungsdiagnosen angegebenen Artenzahlen sind Näherungswerte. In den meisten Gattungen erhöht sich die Zahl der bekannten Arten von Jahr zu Jahr. Es ist beabsichtigt, für die Gattungen, die wichtige Pflanzenparasiten enthalten, wie *Heterodera*, *Meloidogyne*, *Pratylenchus* usw., Artenschlüssel in einer allgemein zugänglichen Zeitschrift zu veröffentlichen, um vorerst den Phytopathologen und Pflanzenschutzagronomen eine genauere Bestimmung der sie interessierenden Pflanzenschädlinge zu erleichtern.

Es sei uns noch gestattet, allen in- und ausländischen Kollegen, die uns durch Überlassung von Sonderdrucken unterstützten, und unserer Assistentin, Frau Margarete HEINE, die den Großteil der technischen Arbeiten leistete, recht herzlich zu danken.

Naumburg (Saale), Mühlhausen/Thür. im März 1960 — Die Verfasser

A. Allgemeiner Teil

I. Übersicht über Morphologie und Anatomie der Nematoden (vgl. die Abbildungen der Tafeln I bis XIV)

Die Nematoden (Älchen, Rund- oder Fadenwürmer) sind langgestreckt-zylindrisch, manchmal spindelförmig gebaute, ungegliederte Tiere. Lediglich die geschlechtsreifen Weibchen parasitischer Formen sind sack-, birnen-, zitronen-, nieren- oder wurstförmig. Die Mehrzahl der freilebenden und pflanzenparasitischen Arten ist kaum länger als ein Millimeter. Äußere Körperanhänge fehlen in der Regel. In der Nackenregion und am Hinterende finden sich manchmal flügelförmige Anhänge (Alae). Letztere werden bei den Männchen als Bursa bezeichnet.

Der Körper wird von einer Cuticula bedeckt, die gewöhnlich quergestreift oder geringelt ist. Längsstreifen finden sich nicht selten, vor allem auf den beiden Seitenfeldern. Cuticularbildungen, wie Warzen, Wülste und Schuppen, sind selten. Unter der Cuticula liegt die Hypodermis, die an beiden Seiten (unter den Seitenfeldern), dorsal (rückenseitig) und ventral (bauchseitig) Wülste ausbildet. Die Cuticula wird bei den Häutungen (meist vier) gewechselt.

Die Mundöffnung befindet sich endständig am Vorderende. Sie wird in der Regel von 6 oder 3, selten 4, manchmal miteinander verschmolzenen Lippen umgeben. Bei einigen spezialisierten Formen nehmen fiederblattartige Gebilde (Probolae) oder Haken die Stelle der Lippen ein. Auf den Lippen liegen Sinnesborsten oder -papillen, die mitunter schwer zu erkennen sind. Oft werden die Lippen durch Skelettelemente gestützt.

Der Verdauungskanal beginnt mit einer sehr verschieden gestalteten Mundhöhle (Stoma), die manchmal Zähne oder Zahnreihen oder andere charakteristische Strukturen trägt. Sie ist entweder groß und gut ausgebildet oder klein und undeutlich. Bei den Tylenchida ist sie zu einem Stachel umgebildet. In anderen Gruppen (Enoplata) besteht der Stachel nur aus einem Zahn (Odontostylet). In der Mundhöhle unterscheidet man mehrere Teile, deren Stützelemente von vorn nach hinten als Cheilo-, Pro-, Meso-, Meta- und Telorhabdion bezeichnet werden. Der Mundhöhle folgt der Ösophagus, ein muskulöses Rohr, an dem man drei Abschnitte unterscheiden kann, die als Corpus, Isthmus, und Endbulbus bezeichnet werden. In einigen Fällen ist der Corpus deutlich zweigeteilt. Sein Vorderende bildet den zylindrischen Procorpus, während das ovale Hinterende als Metacorpus (Mittelbulbus) bezeichnet wird. (Vergleiche aber die Tafel V, in der abweichende Benennungen von Teilen des Ösophagus gebracht werden.) Der in der Regel schmale, zylindrische Isthmus ist manchmal nur durch eine Einschnürung angedeutet. Der birnenförmige Endbulbus besitzt in vielen Fällen einen Klappenapparat. Bei anderen Formen ist der Ösophagus ein nach hinten verstärktes, einfaches Rohr, oder er besteht aus einem schmalen, muskulösen Vorder- und einem breiteren, drüsigen Hinterteil. In seltenen Fällen ist der Ösophagus stark reduziert und kaum zu erkennen.

In der Wand des Hinterteiles des Ösophagus finden sich gewöhnlich drei einkernige Drüsen (Nackendrüsen), die aber auch frei in der Leibeshöhle liegen können. Die dorsale Drüse mündet oft in der Nähe des Vorderendes in das Lumen des Ösophagus, die beiden subventralen (seitlich oberhalb der Bauchlinie liegenden) weiter hinten. An der Übergangsstelle zwischen Ösophagus und Darm erkennt man oft deutliche Klappen (Cardia), die in das Vorderende des Darmes hineinragen.

Der Darm selbst ist ein langgestrecktes Rohr ohne Windungen, an dessen Hinterende bei einigen Arten Blindsäcke zu finden sind. Der Enddarm (Rectum) mündet ventral in einen Anus. Der hinter dem Anus liegende Körperteil wird als Schwanz bezeichnet.

Das Nervensystem besteht aus einem Nervenring, der den Isthmus umschließt, und zahlreichen Strängen, die von diesem nach vorn und hinten verlaufen. An Sinnesorganen findet man Tastborsten oder -papillen auf den Lippen sowie die ebenfalls in der Kopfregion liegenden, als chemische Sinnesorgane anzusprechenden Amphidien (Seitenorgane). Diese sind seitlich gelegene, paarige Sensillentaschen, die man äußerlich an schlitz- oder punktförmigen Öffnungen oder an spiraligen und kreisförmigen Strukturen erkennt. Durch ihre Färbung auffallende Augenflecke finden sich selten. Meist auf dem Schwanz gelegen sind in einer großen Gruppe die Öffnungen der Phasmidien (Schwanzdrüsen), Organe unterschiedlicher Gestalt von unbekannter Funktion.

Das Exkretionssystem ist sehr variabel und scheint in einigen Gruppen zu fehlen. Es besteht in seiner Grundform aus zwei in den Seitenwülsten liegenden Kanälen und einem sie verbindenden Sinus, in den manchmal Drüsenzellen münden. Vom Exkretionssinus führt ein Gang zum Exkretionsporus, der meist in Höhe des Nervenringes liegt. In anderen Gruppen erfüllt eine einzige Drüsenzelle, die mit einem Porus Verbindung zur Außenwelt hat, die Exkretionsfunktion.

Ein Zirkulationssystem fehlt den Nematoden völlig. Seine Funktionen werden von der Flüssigkeit der Leibeshöhle ausgeübt.

Nematoden sind gewöhnlich getrenntgeschlechtlich. Die meist paarigen weiblichen Gonaden münden vorwiegend in Körpermitte ventral mit einer schlitzförmigen, oft hervorstehenden Vulva. Die Männchen erkennt man in der Regel an den paarigen Spicula, gebogenen, ausstreckbaren Stäbchen, die aus der Kloake herausragen. Sie werden nicht selten von einem Führungsstück (Gubernaculum) umfaßt, das in einigen Gattungen Anhänge (Titillae) trägt. Die männlichen Gonaden (Testes) bestehen aus 1 oder 2 Röhren, die mit einem Samenleiter in das Rectum (Kloake) münden. Häufig besitzen die Männchen eine Bursa, die meist von Papillen gestützt wird, oder sogenannte Präanalorgane an der Bauchseite. Die Gonaden liegen bei beiden Geschlechtern langgestreckt oder ein- bis mehrfach umgeschlagen frei in der Leibeshöhle.

Zur Beschreibung der Körperproportionen benutzt man folgende Indices:

a = Gesamtlänge (von den Lippen bis zur Schwanzspitze): größte Körperbreite
b = Gesamtlänge: Ösophaguslänge (von den Lippen bis zum Darmbeginn)
c = Gesamtlänge: Schwanzlänge (vom Anus bis zur Schwanzspitze)
V = Vulvalage in Prozent der Körperlänge (von vorn gemessen)

II. Einfache Methoden zum Isolieren der Älchen

Da man Nematoden nicht am Fundort auslesen und fixieren kann, ist man gezwungen, sie mit dem Substrat einzutragen. Das zu untersuchende Material (Pflanzenteile, Bodenproben usw.) füllt man zweckmäßig, ohne dabei die Struktur stärker zu zerstören, in Perlonbeutel oder Kunststoffdosen (Bonbonschachteln). Diese Art der Verpackung verhindert ein Austrocknen und eignet sich auch zum Versand. Eine längere Lagerung von Proben empfiehlt sich nicht, da sich die organischen Bestandteile leicht zersetzen, wobei sich das Artenspektrum stark verschieben kann.

Eine Zusammenstellung der Methoden zum Isolieren von cystenbildenden und freilebenden Nematoden bringt GOFFART (1958, 1959). Wenn auf das Erfassen aller in einer Probe vorhandenen Älchen verzichtet werden kann, benutzt man mit gutem Erfolg das Trichterverfahren nach BAERMANN. Das entsprechende Gerät ist schnell angefertigt. Man versieht einen Glastrichter von beliebigem Durchmesser mit einem Stück Gummischlauch, das mit einem Quetschhahn abgeklemmt werden kann. Diesen so vorbereiteten Trichter spannt man in ein Stativ und füllt ihn mit Wasser von Zimmertemperatur. Die Probe legt man in ein überall käufliches Kaffeesieb (am besten aus feinmaschigem Perlongewebe) und setzt dieses vorsichtig in den Trichter, so daß das Material vom Wasser überdeckt wird. Die Probe halte man möglichst klein, Pflanzenteile zerzupfe man vor dem Einlegen. Nach 6 bis 24 Stunden ist die Mehrzahl der Tiere aus dem Substrat ausgewandert und befindet sich am Grunde des Trichters. Man öffnet nun vorsichtig den Hahn und läßt die Nematoden mit wenig Wasser in ein Gefäß (Uhrschälchen oder kleine Petrischale) laufen.

Sind Trichter, Schlauch und Quetschhahn nicht zur Hand, dann genügt auch ein spitzes Kelchglas (Sektglas) oder ein anderes Gefäß, in welches ein Sieb gehängt wird. Nach der gewünschten Zeit nimmt man das Sieb heraus, wartet eine Weile, saugt dann das Wasser bis auf einen Rest vorsichtig ab und überträgt diesen mit den darin enthaltenen Nematoden mit einer Pipette in ein Schälchen.

Untersucht man Bodenproben oder Wurzeln mit anhaftender Erde, dann empfiehlt es sich, den Siebboden mit einer dünnen Lage Watte zu bedecken.

Zum Herausspülen von Weibchen (Cysten) der *Heterodera*-Arten (Kartoffel-, Rüben- und Hafernematoden) aus dem Boden benutzt man vorteilhaft das recht bequeme Verfahren von BUHR (1954). Man füllt lufttrockene Erde in einen größeren Standzylinder und legt oben einen breiten Streifen angefeuchteten Fließpapieres an die innere Gefäßwand. Dann verrührt man die Erde mit etwas hochprozentigem Alkohol zu einem Brei und füllt unter vorsichtigem Rühren Wasser nach. Die Cysten sammeln sich am Rande und haften an dem Papier, das man vorsichtig herauszieht, auseinanderfaltet und trocknet. Die Cysten sind dann auf dem weißen Papier leicht zu erkennen und aufzusammeln. Die Probe siebt man vor der Bearbeitung durch ein Sieb von etwa 2 mm Maschenweite, um größere Bestandteile (Steine, Düngerreste usw.) zu entfernen. Bodenkrümel sind zu zerdrücken.

III. Das provisorische Aufbewahren von Nematoden

Kann man die aus einem Substrat ausgelesenen Nematoden nicht sofort bearbeiten oder will man diese verschicken, so verfährt man wie folgt: Die Tiere werden mit wenig Wasser in ein Röhrchen von nur wenigen Kubikzentimeter Inhalt übertragen und durch kurzes Erwärmen auf 40 bis 50 °C in Wärmestarre versetzt. Damit sie nicht in Fäulnis übergehen, werden sie dann mit einigen Tropfen einer Konservierungsflüssigkeit übergossen. Bewährt hat sich eine Flüssigkeit aus zwei Teilen 40%igem Formalin, zwei Teilen reiner Milchsäure und 20 bis 40 Teilen destilliertem Wasser. In den mit Stopfen verschlossenen Röhrchen halten sich die Würmer nicht nur unbegrenzt lange, sondern sie hellen sich unter dem Einfluß der Milchsäure auf, was sich für weitere Untersuchungen als vorteilhaft erweist.

IV. Das Fixieren

Von den zahlreichen Fixierungsmethoden sollen hier nur zwei erwähnt werden:

1. Neun Teile 96%igen Alkohols werden mit einem Teil reinem Glyzerin gemischt. Einige Tropfen dieses Gemisches werden kochend über die wärmestarren Tiere gegossen. Das Schälchen wird mit einer Glasplatte abgedeckt und eine Woche oder länger stehen gelassen, damit der Alkohol die Tiere härtet. Dann wird die Glasplatte abgenommen, so daß Alkohol und Wasser an einem staubfreien Ort verdunsten können und die Tiere schließlich in Glyzerin liegen. Dieses Verfahren liefert für alle nichtparasitischen Arten zufriedenstellende Ergebnisse. Für Pflanzenparasiten empfiehlt es sich nicht, da deren Stachel meist unsichtbar wird.
2. Sehr gute Fixierungsergebnisse hat Verfasser mit folgendem Gemisch erhalten: 100 ml 96%iger Alkohol, 100 ml Aqua dest., 40 ml Glyzerin, 20 ml Phenol (Karbolsäure), 20 ml Milchsäure und 5 ml Eisessig. Der Lösung wird als Farbstoff etwas Baumwollblau zugefügt, bis diese himmelblau erscheint. Einige Tropfen der Mischung werden heiß, nicht kochend, auf die wärmestarren Tiere gegossen. Dann wird weiter wie unter 1. verfahren. So behandelt, schrumpfen die Nematoden nicht, sie werden durchscheinend und lassen sonst schwer erkennbare Organe durch verschieden intensive Färbung deutlich hervortreten; auch der Mundstachel bleibt erkennbar.

V. Das Anfertigen von Dauerpräparaten

Die käufliche Glyzeringelatine ist ungeeignet zur Einbettung. Sie ist zu zäh, und die Nematoden schrumpfen darin sehr stark. Letzteres wird vermieden, wenn man die Gelatine in folgender Weise verdünnt: Zu 30 ml käuflicher Gelatine nach KAISER fügt man 6 ml Glyzerin, 6 ml Aqua dest., 2 ml Milchsäure und 2 ml Phenol. Von dieser dünnflüssigen Gelatine gibt man einen kleinen Tropfen auf einen Objektträger und überträgt die fixierten Nematoden. Den Objektträger läßt man nun längere Zeit (tage- bis wochenlang) in einer staubgeschützten Umgebung liegen. Das Gelatinetröpfchen erhärtet dort allmählich. Später überdeckt man es mit einem Deckgläschen, auf das vorher ein größerer Tropfen flüssiger Gelatine aufgetragen wurde. Die Tiere bleiben dadurch in der Mitte des Deckgläschens liegen. Nach einiger Übung erhält man so brauchbare Präparate. Das Deckglas sollte später mit einem Lack umrandet werden.

VI. Das Bestimmen

Die lebenden Tiere überträgt man mit einer feinen Nadel (Minutienstift) oder einer Haarschlinge (Verfasser verwendet eine an ein Holzstäbchen geklebte Augenwimper vom Schwein) in einen Wassertropfen auf einem Objektträger. Dieser wird über einer Sparflamme oder einer Glühbirne schwach erhitzt, bis die Tiere bei etwa 45 °C in Wärmestarre gefallen sind. Dann erst wird ein Deckglas aufgelegt und die Untersuchung vorgenommen.

Zum Bestimmen benötigt man ein Mikroskop mit 300- bis 600facher Vergrößerung. Von Fall zu Fall empfiehlt es sich, Spiegel und Blende etwas zu verstellen, da durch die so erreichten Lichteffekte oft Einzelheiten sichtbar werden, die man sonst nicht erkennt. Notwendig ist weiterhin ein Okularmikrometer, um die Körpermaße feststellen zu können.

Nach Möglichkeit sucht man sich geschlechtsreife Tiere heraus, die man leicht an den fast die ganze Leibeshöhle einnehmenden Gonaden und an dem Vorhandensein von Vulva oder Spicula erkennt. Zuerst mißt man die Länge des Stachels bzw. der Mundhöhle und des Ösophagus, die Entfernung vom Kopf bis zur Vulva, die Entfernung Vulva-Anus, die Länge des Schwanzes und den größten Körperdurchmesser (bei Weibchen etwa in Höhe der Vulva). Aus den erhaltenen Größen sind dann die Werte für a, b, c und V zu berechnen. Dann skizziere man mit wenigen Strichen das Kopfende, wobei man Lippenform und Lippenstützen, die Form der Mundhöhle, eventuell Zähne, Zahnreihen, Versteifungen usw. derselben, die Lage der Amphidien und des Exkretionsporus, die Ösophagusform und die Mündung der Ösophagus-(Nacken-)drüsen sowie auffällige Bildungen am Darmbeginn berücksichtigen soll. Weiterhin achte man auf Zahl und Lage der Gonaden und auf Strukturen der Cuticula. Bei Männchen empfiehlt es sich weiterhin, eine Skizze der Schwanzregion mit Spicula, Gubernaculum, Bursa und Papillen anzufertigen. Das Anfertigen von Skizzen erleichtert das Bestimmen ungemein und schärft den Blick für Wesentliches.

Jetzt erst benutze man einen der vorliegenden Bestimmungsschlüssel und ziehe die Spezialliteratur zu Rate. Die folgenden Schlüssel sind so aufgebaut, daß man zwischen zwei Merkmalen entscheiden muß. Ist die Entscheidung eindeutig, dann ist unter der am Rande angegebenen Nummer weiter zu suchen. Ist die Entscheidung zweifelhaft, dann geht man beiden Möglichkeiten nach. Man gelangt so zu den einzelnen Gattungen, denen eine kurze Beschreibung beigegeben ist. Ein Nachbestimmen durch eine zweite Person ist dem Anfänger anzuraten. Bestehen dann noch Zweifel, dann ist ein Spezialist zu befragen. (Die Verfasser sind gern bereit, Nachbestimmungen vorzunehmen.) Die den Schlüsseln beigefügten Zeichnungen sind Schemata; am Objekt sind die Einzelheiten selten so klar und eindeutig zu erkennen.

Auf das Bestimmen der Art sollte in keinem Falle verzichtet werden, vor allem dann nicht, wenn es sich um einen potentiellen Pflanzenparasiten handelt. Des Parasitismus verdächtig sind alle Formen, die einen Mundstachel besitzen oder aus lebenden Pflanzenteilen isoliert wurden. Hinweise auf pflanzenparasitische Arten bringt GOFFART (1951). Weiterhin ist in vielen Fällen noch der 36. Teil von DAHL „Die Tierwelt Deutschlands", in der SCHNEIDER (1939) die freilebenden und pflanzenparasitischen Nematoden zusammenstellte, nutzbringend zu verwerten. Eine zusammenfassende deutschsprachige Arbeit neueren Datums fehlt leider.[1]) Die Speziallitertur ist so umfangreich, daß auf eine Zusammenstellung verzichtet werden muß. Die Verfasser sind bereit, Interessenten Hinweise auf neuere Arbeiten zu geben.

---

[1]) Während der Drucklegung erschien eine Bearbeitung der freilebenden Nematoden von H. A. MEYL in: BROHMER, EHRMANN, ULMER „Die Tierwelt Mitteleuropas" Bd. 1, Lfg 5a „Die freilebenden Erd- und Süßwassernematoden (Fadenwürmer)", in der jedoch die pflanzenparasitischen Gattungen nicht enthalten sind.

B. Spezieller Teil

Ia) Schlüssel zum Bestimmen der Gattungen freilebender Erd- und Süßwassernematoden[1]) ohne Mundstachel

1. Körper mit asymmetrischen Cuticularbildungen, wie Warzenreihen, Flossen, Membranen, Leisten, Querwülsten und Platten
   Gttg. *Bunonema* Jägerskiöld, 1905
   (XIII) Kleine spindelförmige Nematoden mit asymmetrischer Cuticularausbildung; Kopf abgesetzt; Tiere in Wärmestarre mondsichelartig gekrümmt; linke Seite mit Kriechleisten; rechte Seite mit ausgeprägter Ornamentierung; Mundhöhle und Ösophagus rhabditoid; die Untergattungen werden auf Tafel XIII charakterisiert, kurze Diagnosen der Untergattungen finden sich auf Seite 58

— Körper ohne solche auffälligen Cuticularmuster 1a

1\. a Mundhöhle fehlend oder scheinbar fehlend (I/1—I/7) 2

— Mundhöhle vorhanden, deutlich erkennbar, von verschiedenartiger Gestalt und Größe 7

2\. Kopfende ohne Lippen, ohne Borsten und ohne deutlich hervortretende Papillen (IV/1) 3

— Kopfende mit oder ohne Lippen, mit Borsten oder deutlichen Papillen (IV) 4

3\. Seitenorgane klein, unscheinbar (IV)
   Gttg. *Alaimus* de Man, 1880
   (I/1) Ösophagus dorylaimoid; Vulva vor der Körpermitte; weibliche Gonade unpaar; Männchen mit einfachen Spicula und einer Reihe ventromedianer Präanalpapillen; Erdbewohner; 12 Arten

---

1) Berücksichtigung finden auch Gattungen, die im Gebiet nur in Salzquellen oder in salzhaltigem Boden vorkommen, sowie einige Gattungen, die an Käfer, bes. an Borkenkäfer, gebunden sind, aber auch außerhalb ihres eigentlichen Biotopes auftreten können. Es werden auch Gattungen angeführt, die bisher nur aus dem Ausland bekannt sind, vermutlich aber auch bei uns vorkommen dürften. Nicht berücksichtigt werden die Gattungen *Nyctolaimus*, *Tylocephalus*, *Isolaimium*, *Poikilolaimus*, *Stephanium* und *Bolbinium* sowie einige in der neueren Literatur aufgestellte monotypische Gattungen, die bisher in Europa nicht nachgewiesen wurden.

— Seitenorgane deutlich, länger als breit
Gttg. *Amphidelus* Thorne, 1939
(I/2) Ösophagus dorylaimoid; Vulva vor oder in Körpermitte; weibliche Gonade paarig oder unpaar; Männchen, soweit bekannt, mit 3 Präanalpapillen; Erdbewohner, einige Arten im Süßwasser; 10 Arten

— (Seitenorgane breiter als lang)
Gttg. *Adorus* (Cobb, unveröffentlicht) Thorne, 1939
Ungenügend bekannte Gattung; bisher nur aus den USA; Erdbewohner; 1 Art

4. (2) Kopf mit Lippen, Borsten oder deutlichen Papillen
Gttg. *Tripyla* Bastian, 1865
Mundhöhle scheinbar fehlend, nur im geöffneten Zustand sichtbar; im Pharynxlumen mit kleinem, zahnartigem Vorsprung; Ösophagus dorylaimoid; Seitenorgane unscheinbar; Kopf mit 3 Lippen und 3 Kreisen von Papillen oder Borsten; Cuticula meist geringelt; weibliche Gonade paarig oder unpaar (VI/14—17); Männchen mit plumpen Spicula und einer Reihe von Präanalpapillen (VI/11 u. 8); in Boden und Süßwasser; 13 Arten
a) Kopf mit Lippen und Borsten (I/6)
Untergttg. *Trischistoma*
b) Kopf mit Lippen und Papillen (I/7)
Untergttg. *Tripyla*

— Kopf mit oder ohne deutliche Lippen, mit Borsten und höchstens winzigen Papillen 5

5. Seitenorgane klein, versteckt spiralig; Kopf mit 6 feinen, aber deutlichen Borsten
Gttg. *Bastiania* de Man, 1876
(I/3) Ösophagus dorylaimoid (V/1—3); Cuticula geringelt; Vulva etwas hinter der Körpermitte; weibliche Gonade paarig symmetrisch (VI/14); Männchen mit 10 bis 13 Präanalpapillen; meist im Boden; 4 Arten

— Seitenorgane groß und auffällig, rund oder queroval; Kopf mit 4 oder 6 kräftigen Borsten 6

6. Seitenorgane kreisrund, weit vorn gelegen; Kopf mit 4 Borsten
Gttg. *Aphanolaimus* de Man, 1880
(I/4) Ösophagus dorylaimoid; Cuticula derb geringelt; mit deutlichen Seitenfeldern; Vulva in Körpermitte; weibliche Gonade paarig; Männchen mit 3 bis 5 röhrenförmigen Präanalorganen (-papillen); Schwanz mit Drüsen und Endrohr (VI/7 u. 9); in feuchter Erde und marin; 12 Arten

— Seitenorgane queroval, nach hinten offen; Kopf mit 6 langen, kräftigen Borsten

Gttg. *Dintheria* de Man, 1921
(I/5) Ösophagus dorylaimoid; Cuticula fein geringelt; Spicula plump; dicht vor dem Anus 10—11 dicht beieinanderliegende Präanalpapillen (VI/8 u. 11); in feuchter Erde; nur Männchen bekannt; 1 Art

7. (1a) Mundhöhle einfach, flach bis kurz konisch oder trichter- bis becherförmig (I/8—10); in einigen Fällen mit Augenflecken (Ocellen) (III/88 u. 89) 8

— Mundhöhle anders gebaut 10

8. Mundhöhle flach, ohne Zähne 9

— Mundhöhle tiefer, trichter- bis kelchförmig; im letzteren Falle mit kleinen Zähnchen im Hinterabschnitt

Gttg. *Tobrilus* Andrassy, 1959
syn. *Trilobus* Bastian, 1865
(I/10) Kopf mit flachen Lippen, Papillen und Borsten; Seitenorgane meist klein, unscheinbar; Ösophagus dorylaimoid; Vulva meist in Körpermitte; weibliche Gonade paarig, umgeschlagen; Präanalpapillen in Gruppen; Wasserbewohner; sehr arten- und formenreiche Gattung

9. Kopf vorn abgeflacht, mit deutlichen Lippen und 6 bis 12 kurzen Borsten

Gttg. *Monhystera* Bastian, 1865
(I/8) Seitenorgane kreisrund, deutlich konturiert; einige Arten mit Ocellen (z. B. *M. stagnalis*) Ösophagus dorylaimoid; Vulva meist hinterständig; weibliche Gonade unpaar, nach vorn ausgestreckt (VI/15); Cuticula glatt, oft mit Borsten oder Borstenreihen; in Erde und Wasser; etwa 50 Arten

— Kopf mit deutlich vom Körper abgesetzten Lippen; mit Papillen und 6 bis 12 Kopfborsten

Gttg. *Theristus* Bastian, 1865
(I/9) Seitenorgane kreisrund; Ösophagus dorylaimoid; Cuticula geringelt; Körper beborstet, auch die Schwanzspitze mit endständigen Borsten; Vulva hinterständig, weibliche Gonade unpaar; in subalpinen Seen und Salzquellen, meist marin; etwa 20 Arten

10. (7) Mundhöhle weiträumig, prismatisch, ohne oder mit Zahnbildungen, im optischen Längsschnitt von rechteckiger oder ovaler Form; Umgrenzung kräftig cuticularisiert (I/11—II/31) 11

— Mundhöhle anders gebaut 21

11. Mundhöhle im Umriß rechteckig (mit parallelen Wandungen) (I/11—14) 12

— Mundhöhle im Umriß oval (mit gekrümmten Wandungen) (I/15—II/31) 16

12. Mundhöhle einteilig (I/11—12) 13

— Mundhöhle zweiteilig (I/13—I/15) 14

13. Mundhöhle länger als breit, ohne Zähne; ohne deutliche Lippen; mit mehr oder weniger langen Kopfborsten

Gttg. *Prismatolaimus* de Man, 1880

(I/12) Seitenorgane klein, unscheinbar; Ösophagus dorylaimoid; Vulva mittel- oder hinterständig, weibliche Gonade paarig oder unpaar; Cuticula fein geringelt; Schwanz lang, fein verlaufend; (Männchen bei einer Art mit einer über die ganze Körperlänge verteilten Reihe von 35—37 Präanalpapillen); feuchte Erde, Moorboden; im Gebiet 4 Arten

— Mundhöhle im Umriß quadratisch, am Grunde mit Zähnchen; Lippen flach abgerundet, mit Papillen

Gttg. *Brevibucca* Goodey, 1935

(I/11) Ösophagus rhabditoid (V/9), Mittelbulbus wenig entwickelt, Cuticula geringelt, Vulva in Körpermitte oder hinterständig, weibliche Gonade paarig oder unpaar; Männchen mit stark reduzierter Bursa (VI/4, 5); Saprobionten; 2 Arten

14. (12) Mundhöhle ohne Zähne, bei einer Gattung mit 3 schwachen Ringleisten im vorderen Mundhöhlenteil (I/14) 15

— Mundhöhle am Grunde mit Zähnen

Gttg. *Butlerius* Goodey, 1929

(I/15) Mundhöhle durch einen membranösen Ring zweigeteilt; im hinteren Abschnitt mit 1 großen Dorsalzahn und 2 kleinen Subventralzähnchen; Kopf mit 6 Lippen und Papillen, jede Lippe außerdem mit 2 Borsten; Ösophagus diplogasteroid (V/11); Gonaden paarig, Männchen mit prä- und postanalen Papillen; Cuticula mit feiner Punktringelung; 1 Art im Kompost in Holland gefunden; wenig Arten

15. Beide Mundhöhlenteile gleich lang und gleichförmig

Gttg. *Macrolaimus* Maupas, 1900

(I/13) Begrenzung des vorderen Mundhöhlenabschnittes schwächer cuticularisiert; Kopf flach abgerundet mit 6 hornförmigen Papillen; Ösophagus anguilluloid (V/8); der Klappenapparat im Terminalbulbus (V/a) hat keine Gegenflügel; Vulva schwach hinterständig; weibliche Gonade unpaar; männlicher Schwanz mit 8 Papillenpaaren; meist im Baummulm; im Gebiet nur 1 Art

— Vorderer Mundhöhlenteil kürzer als der Hinterabschnitt, mit 3 schwachen Ringleisten

Gttg. *Desmolaimus* de Man, 1880

(I/14) Kopf abgerundet, ohne erkennbare Lippen, mit kurzen Börstchen; Seitenorgane weit hinten gelegen, rund und doppelt konturiert (IV/e); Ösophagus dorylaimoid; Cuticula geringelt; Vulva hinterständig, weibliche Gonade unpaar; Männchen mit

1 Reihe von 17—25 wenig hervortretenden Präanalpapillen; Süßwasser; ca. 10 Arten

16. (11) Die ovale Mundhöhle einteilig mit Zähnen und Zähnchen 17

— Die ovale Mundhöhle zweiteilig mit Zähnen 18

17. Lippen mit kurzen Borsten; Männchen mit 2 regelmäßigen, adanal gelegenen Reihen von je 10 bis 14 sublateralen, kurzen, aber kräftigen Borsten

Gttg. *Oncholaimus* Dujardin, 1845

(I/28) Spitzen der 3 sehr großen, den Mundraum fast füllenden Zähne nach vorn gerichtet; Seitenorgane sehr klein, queroval, in der Mundhöhlenmitte liegend; Ösophagus dorylaimoid; Vulva hinterständig, Schwanz fingerförmig, beim Männchen mit großer, kegelförmiger Warze vor dem Ende; Männchen mit 2 regelmäßigen Reihen von je 10—14 sublateralen, kurzen, aber kräftigen Borsten in der Analgegend; meist marin, Einzelarten auch in Salzquellen des Binnenlandes

— Lippen mit Papillen; Männchen mit einer ventralen, präanalen Papillenreihe

Fam. ***Mononchidae*** Chitwood, 1937

U-Fam. ***Mononchinae*** Andrassy, 1958

mit 11 Gattungen (I/17—I/27)

Spitze der großen Zähne nach innen, vorn oder hinten gerichtet; stets ein großer Dorsalzahn vorhanden; bei einigen Gattungen zusätzlich noch Quer- und Längsreihen kleiner Subventralzähnchen in verschiedener Anordnung; Ösophagus dorylaimoid; Kopf vorn abgeflacht mit wenig hervortretenden Lippen und Papillen; Vulvalage nicht einheitlich; Ovar paarig oder unpaar, prä- oder postvulvar; Männchen mit einer ventralen Reihe von scharf hervortretenden Präanalpapillen; Schwanzform variabel; 84 Arten

Schlüssel zu den Gattungen (nach Andrassy, 1958)

a Subventralzähne (SvZ) fehlend oder wenn vorhanden nur 2 .... b

— SvZ in größerer Zahl vorhanden, in Längs- oder Querreihen geordnet oder unregelmäßig verstreut .... f

b SvZ fehlend c

— 2 SvZ vorhanden .... d

c Dorsalzahn vor der Mundhöhlenmitte, kräftig .... *Mononchus* Bastian, 1865 (I/17)

— Dorsalzahn hinter der Mundhöhlenmitte, schwach, (meist am Mundhöhlengrunde) .... *Jotonchus* Cobb, 1916 (I/22)

d (b) Dorsalzahn in der vorderen, 2 SvZ in der hinteren Mundhöhlenhälfte .... *Cobbonchus* Andrassy, 1958 (I/24)

— Alle 3 Zähne beinahe in gleicher Höhe .... e

e Spitze der Zähne nach vorn gerichtet .... *Miconchus* Andrassy, 1958 (I/23)

— Spitze der Zähne nach hinten gerichtet .... *Anatonchus* Cobb, 1916 (I/25)

f (a) Alle SvZ in mehr oder weniger regelmäßigen Reihen geordnet ... g

— Mindestens 1 Teil der SvZ unregelmäßig zerstreut i

g SvZ in Längsreihen stehend .... h

— SvZ in mehreren Querreihen angeordnet .... *Mylonchulus* Cobb, 1916 (I/26)

h SvZ an 2 hervorragenden Längsleisten liegend .... *Prionchulus* Cobb, 1916 (I/18)

— SvZ in 4 Längsreihen dicht der Mundhöhlenwand anliegend .... *Sporonchulus* Cobb, 1916 (I/19)

i (g) Dorsalzahn in der vorderen Mundhöhlenhälfte, SvZ-Reihen querstehend .... k

— Dorsalzahn hinter der Mundhöhlenmitte, schwach, (meist am Mundhöhlengrunde) .... *Jotonchus* Cobb, 1916 (I/22)

— Dorsalzahn in der hinteren Mundhöhlenhälfte, SvZ-Reihen longitudinal .... *Judonchulus* Andrassy, 1958 (I/21)

k Nur eine Querzähnchenreihe, zerstreute Zähnchen eng subventral, Mundhöhlenwände parallel .... *Granonchulus* Andrassy, 1958 (I/20)

— Mehrere Querzähnchenreihen, zerstreute Zähnchen mehr sublateral, Mundhöhle nach hinten verengt .... *Brachonchulus* Andrassy, 1958 (I/27)

18. (16) Mundhöhle zweiteilig, mit Zähnen, stets ohne Querreihen von Zähnchen oder Querbänder

Gttg. *Myolaimus* Cobb, 1920

(I/16) Mundhöhle zweiteilig (manchmal einteilig erscheinend); Vorderabschnitt weiträumig aus Cheilo- und Protostom gebildet (VII/a); Hinterabschnitt kurz, undeutlich aus Meso-Telostom bestehend; an der Übergangsstelle 1 großer Dorsalzahn, ihm gegenüber 2 kleinere Subventralzähnchen; Ösophagus anguilluloid (V/8); Kopf mit Börstchen; Cuticula löst sich im Wasser leicht vom Körper; Männchen ohne Spicula und Gubernaculum; Bursa (VI/1—5) mit spindelförmigen Papillen; in Baumflüssen, Kompost u. a.; 4 Arten

— Mundhöhle anders ausgestattet 19

19. Mundhöhle von 2 bis 3 unterbrochenen Ringen bzw. Querbändern umgeben

Gttg. *Sphaerolaimus* Bastian, 1865

(II/31) Mundhöhle 2teilig; Vorderabschnitt von der Kopfkapsel eingeschlossen; Kopf groß, abgesetzt und mit zahlreichen mehr oder weniger langen Borsten versehen; Körper ebenfalls beborstet; Seitenorgane rund; Ösophagus dorylaimoid, Gonaden unpaar; im Meer und in brackiger Erde

— Mundhöhle mit Querreihen von Zähnchen 20

20. Ösophagus dorylaimoid

Gttg. *Eurystomina* Filipjev, 1921

(I/29) Kopf mit deutlich abgesetzten Lippen, Papillen und Borsten; Vorderabschnitt der Mundhöhle weit, Hinterabschnitt enger; letzterem entspringt ein großer Subventralzahn, der weit in den vorderen Mundhöhlenteil hineinragt; in Höhe der Zahnspitze befinden sich 3—4 Reihen kleiner Zähnchen, die wie ein Querband wirken; Vulva hinterständig; Männchen mit 2 Präanalorganen, marin, 1 Art in Salzquellen

— Ösophagus diplogasteroid (V/11 u. 12)

Gttg. *Odontopharynx* de Man, 1912

(I/30) Lippen mit Papillen; Mundhöhle ziemlich weit und lang, mit einem großen Dorsalzahn und ihm gegenüberliegenden 2 Querreihen von Zähnchen; mehr am Grunde der Mundhöhle eine weite tere Gruppe von Zähnchen; Vulva hinterständig; Männchen mit 9 Papillenpaaren, davon 2 präanal; 1 Art (die Gattung ist zweifelhaft und wahrscheinlich mit *Diplogaster monhysteroides* [Bütschli] Schneider identisch)

21. (10) Mundhöhle kleiner und enger, von verschiedener Gestalt, ein- oder deutlich zweiteilig; Vorderabschnitt rechteckig oder oval, ohne oder mit auffälligen Zahnbildungen (II/32—42) 22

— Mundhöhle anders gestaltet 32

22. Mundhöhle einteilig erscheinend 23

— Mundhöhle deutlich zweiteilig 27

23. Mundhöhle mit parallel verlaufenden Wänden (zylindrisch) 24

— Mundhöhle mit gekrümmten Wandungen 25

24. Seitenorgane hufeisenförmig; Kopf mit 4 Borsten und Papillen

Gttg. *Domorganus* Goodey, 1947

(II/35) Kopf nicht abgesetzt, ohne deutliche Lippen; Ösophagus mit 2 bulbusartigen Erweiterungen ohne Klappen; Cuticula fein quergestreift; Vulva in Körpermitte; weibliche Gonade paarig, umgeschlagen; Schwanz mit Endröhrchen; Männchen mit einer ventralen Präanalpapille; Bodenbewohner; 1 Art

— Seitenorgane rund; Kopf mit 4 Borsten

Gttg. *Chronogaster* Cobb, 1913

(II/36) Ösophagus dorylaimoid mit klappenlosem Endbulbus und Cardia; weibliche Gonade unpaar, nach vorn ausgestreckt; Männchen mit 9 röhrenförmigen Präanalorganen; Cuticula geringelt; im Süßwasser; 2 Arten

25. (23) Mundhöhlenwand bikonkav gekrümmt 26

— Mundhöhlenwand plankonkav gekrümmt

Gttg. *Bathyonchus* Kreis, 1936

(II/34) Dorsale Mundhöhlenwand konkav auswärts gekrümmt, subventrale Begrenzung geradlinig; Mundhöhle am Grunde mit einem Zahn; mit Lippen ohne Papillen und Borsten; Ösophagus dorylaimoid; Cuticula fein quergeringelt; Vulva mittelständig; weibliche Gonade paarig; Männchen unbekannt; 1 Art

26. Seitenorgane queroval; Ösophagus diplogasteroid

Gttg. *Goffartia* Hirschmann, 1952

(II/33) Mundhöhle länglich oval, am Grunde mit kleinen Zähnchen; Kopf mit Lippen und Börstchen; Seitenorgane auf der Mundhöhlenmitte; Süßwasserformen; 4 Arten

— Seitenorgane spiralig; Ösophagus dorylaimoid

Gttg. *Paraphanolaimus* Micoletzky, 1923

II/37) Mundhöhle relativ kurz, hinten zugespitzt, ihre Wände mit lokalen Verdickungen; Seitenorgane in Höhe der Mundhöhle; Kopf mit 4 Borsten; Cuticula derb geringelt; Vulva mittelständig; weibliche Gonade paarig, umgeschlagen; Schwanz am Ende keulenförmig, mit Endröhrchen; Männchen unbekannt; in Süß- und Brackwasser; 1 Art

27. (22) Die beiden Teile der Mundhöhle sind etwa gleich lang, ihre Wandungen sind gekrümmt 28

— Der Hinterabschnitt der Mundhöhle ist viel länger als der Vorderabschnitt und geht tief keilförmig in das Ösophaguslumen über; Vorderabschnitt mit gekrümmten Wandungen 30

28. Wandungen beider Mundhöhlenteile im entgegengesetzten Sinne gekrümmt

Gttg. *Rhabditoides* Goodey, 1929

(II/42) Wände des vorderenMundhöhlenabschnittes konvex nach außen, die des hinteren konvex nach innen gekrümmt; hinterer Mundhöhlenteil von einer Manschette (VII/b) umschlossen; Lippen flach, mit Börstchen; Ösophagus rhabditoid; Cuticula geringelt; Vulva etwas vor Körpermitte; Männchen ohne Bursaflügel; Schwanzpapillen anders als bei *Rhabditis* angeordnet; in Schafmist; 1 Art

— Wandungen beider Mundhöhlenteile im gleichen Sinne gekrümmt 29

29. Lippen nur mit kurzen Borsten; das runde Seitenorgan befindet sich relativ weit hinten

Gttg. *Diplolaimella* Allgen, 1929

(II/38) Kopf abgerundet; Lippen undeutlich, mit 4 oder 6 kurzen Borstenpapillen; die runden Seitenorgane 2 Kopflängen hinter dem Vorderrand; Ösophagus dorylaimoid; Vulva hinterständig;

weibliche Gonade unpaar; Cuticula glatt; Schwanz allmählich verjüngt, spitz auslaufend; marin; 2 Arten

— Das runde Seitenorgan befindet sich vor den Kopfborsten
Gttg. *Deontolaimus* de Man, 1880
(II/39) Kopf flach gerundet, ohne erkennbare Lippen; mit 4 kräftigen, kurzen Borsten; Cuticula geringelt; Ösophagus dorylaimoid; Vulva leicht hinterständig; weibliche Gonade paarig; Männchen mit einem postanalen, subventralen Papillenpaar; in der Ösophagusregion eine Reihe runder Organe; Schwanz mit Endröhrchen; in brackiger Erde; 2 Arten

30. (27) Vorderer Mundhöhlenabschnitt relativ groß, länglich oval mit auffällig großem Zahn und kleineren Zahnbildungen
Gttg. *Mononchulus* Cobb, 1918
(II/32) Kopf mit flachen und geschlossenen Lippen und Papillen; Cuticula glatt; Vulva hinterständig; hinterer weiblicher Gonadenast reduziert; Ausführrohr der Schwanzdrüsen an der ventralen Seite des Schwanzes; Männchen mit 5 Präanalpapillen; 2 Arten

— Vorderer Mundhöhlenabschnitt relativ klein, kuglig bis oval, nur mit kleineren Zahnbildungen 31

31. Kopf ohne erkennbare Lippen, Papillen und Borsten
Gttg. *Microlaimus* de Man, 1880
(II/41) Vorderer Mundhöhlenabschnitt oval, becherförmig; Hinterabschnitt tief keilförmig; in der Mitte des Vorderteiles ein kleiner Dorsal- und zwei unscheinbare Subventralzähnchen; Mundhöhle oft von einem Pharyngealbulbus (II/41) umgeben; Seitenorgane rund, doppelt konturiert; Ösophagus chromadoroid; der echte Terminalbulbus mit Kauplatten (V/4); weibliche Gonade paarig; Schwanz mit Drüsen und Endröhrchen; meist marin, in Salzquellen; etwa 10 Arten

— Kopf mit flachen Lippen, 6 kleinen Papillen und 10 Borsten
Gttg. *Monhystrella* Cobb, 1918
(II/40) Vorderteil der Mundhöhle becherförmig, mit 1 Dorsal- und 2 Subventralzähnchen am Grunde; Seitenorgane rund; Ösophagus dorylaimoid, mit rundem, klappenlosem Terminalbulbus; Vulva hinterständig; hinterer weiblicher Gonadenast fehlt; Schwanz lang, mit Endanschwellung und Ausführrohr; Männchen unbekannt; 2 Arten

32. (21) Mundhöhle erscheint als ein mehr oder weniger tiefes, enges oder weiteres Rohr, dessen Wandungen kontinuierlich cuticularisiert (d. h. gleichmäßig stark lichtbrechend) sind. Die Mundhöhle kann ohne oder mit Zähnchen, Warzen oder Leisten am Eingang oder am Grunde ausgestattet sein (II/43—III/63) 33

— Mundhöhle anders gebaut 53

33. Mundrohr (Stoma) mehr oder weniger lang und eng, ohne erkennbare Zahnbildungen 34
— Mundrohr oder Kopfende mit deutlichen Zahnbildungen 42
34a. Ösophagus dorylaimoid, mit oder ohne Endanschwellung 35
b. Ösophagus plectoid (V/5) 38
c. Ösophagus diplogasteroid (V/11, 12) 41
35. Seitenorgane rund 36
— Seitenorgane breit, queroval oder ösenförmig 37
36. Kopf mit nicht abgesetzten, geschlossenen Lippen und 4 längeren Borsten; Seitenorgane groß, rund, doppelt konturiert
Gttg. *Cylindrolaimus* de Man, 1876
(II/44) Vulva um Körpermitte; Schwanz mit oder ohne Ausführröhrchen; Männchen mit 1 Präanalpapille in halber Spiculahöhe; Ösophagus dorylaimoid; Schwanz mit Ausführöffnung für die Schwanzdrüsen; Cuticula derb geringelt; in Erde und Wasser, norddeutsche und dänische Seen; 11 Arten
— Kopfpartie halbkuglig, vom Körper schwach abgesetzt, mit 2 Papillenkreisen; Seitenorgane kleiner, rund bis versteckt spiralig
Gttg. *Leptolaimus* de Man, 1876
(II/47) Vulva in Körpermitte; Schwanz 5—13 Analbreiten lang; Männchen einer Art mit 22—25 Präanalpapillen und 4 Paaren von subventralen Borsten; brackige Erde, Brackwasser und Meer; 1 Art
37. (35) Kopf mit geschlossenen Lippen, ohne Papillen und Borsten; Ösophagus mit langer Endschwellung; Seitenorgane gleich hinter den Lippen gelegen
Gttg. *Colpurella* Cobb, 1920
(II/52)
— Kopf nackt, ohne deutliche Lippen und Papillen; Mundhöhle länger als der eigentliche Ösophagus
Gttg. *Aulolaimus* de Man, 1880
(II/43) Ösophagus kurz; Vulva wenig hinter der Körpermitte; Schwanz allmählich verjüngt, zugespitzt; Männchen mit 3 Präanalpapillen; im Dünensand Hollands; 1 Art
38. (34) Kopfende mit lamellenartigen, in Spitzen auslaufenden medianen Auftreibungen
Gttg. *Wilsonema* Cobb, 1913
(II/50) Vulva annähernd in Körpermitte; Gonaden paarig, umgeschlagen, kurz; Cuticula geringelt; in Erde, Moosrasen; in Europa überall; 6 Arten
— Kopf ohne solche Lamellen 39
39. Seitenorgane groß, spiralig, dicht hinter dem Kopf gelegen, Plectusähnlich

Gttg. *Paraplectonema* Filipjev, 1930
(II/58) Ösophagus im Vorderteil mit einer Art von Klappenapparat; Endbulbus schwach, ohne Klappen; Cardiateil lang; Schwanz schlank, leicht keulenförmig; in Alpenseen; 1 Art

— Seitenorgane klein, ösenförmig bis versteckt spiralig 40

40. Kopf mit deutlich abgesetzten Lippen mit Papillen und dahinter stehendem Borstenkreis; Mundrohr nach hinten zu mitunter verengt
Gttg. *Plectus* Bastian, 1865
(II/49) Cuticula geringelt; Vulva mittelständig; Gonaden paarig; Männchen mit präanalen Röhrenorganen, Borsten oder Papillen; Schwanz meist plump mit aufgesetztem Endröhrchen (VII/7, 9); in Erde, Wasser und anderen Biotypen; ca. 40 Arten (bei *Plectus granulosus* Bulbus ohne Klappen, Mundhöhle vorn mit kugliger Erweiterung)

— Kopf ohne deutliche Lippen und höchstens winzigen Papillen; Seitenorgane rund
Gttg. *Haliplectus* Cobb, 1913
(II/51) Ösophagus mit mittlerer Anschwellung und Endbulbus mit einfachem Klappenapparat; Vulva mittelständig; Gonaden paarig; Männchen mit einer Ventralreihe von 6 Papillen präanal und 6 Paaren unregelmäßig angeordneter Postanalpapillen; Schwanz mit Endrohr; Brack- und Süßwasser; 1 Art

41. (34) Bursa leptoder; weibliche Gonade paarig
Gttg. *Cylindrocorpus* Goodey, 1939
(II/45) Kopf mit 6 abgesetzten Lippen mit kurzen Borstenpapillen; Ösophagus aus einem kräftigen, cylindrisch geformten Vorderbulbus und einem klappenlosen Endbulbus (Scheinbulbus) bestehend; Vulva kurz vor der Körpermitte; männliches Schwanzende mit schwachen Bursaflügeln und 9—10 Papillenpaaren; in faulenden Substanzen; 3 Arten

— Bursa peloder; weibliche Gonade unpaar, mit langem hinteren Uterussack
Gttg. *Goodeyus* Chitwood, 1933
(II/46) Körperbau wie bei Cylindrocorpus; Vulva annähernd mittelständig; Gonaden stets unpaar, Bursa mit 9 Papillenpaaren, davon 3 präanal; in Baummulm; 2 Arten

42. (33) Kopf mit nach außen gekrümmten, hakenförmigen Labialzähnen
Gttg. *Diploscapter* Cobb, 1913
(II/53) Kopf mit 4 Lippen, von denen die dorsale und ventrale in 2 nach außen gebogene cuticularisierte Labialzähne (IV/12) mit 2 Spitzen umgebildet sind, die 2 anderen Lippen mit schwacher Umgrenzung sind konisch nach vorn gerichtet; Vulva etwas hinter Körpermitte; Gonaden paarig umgeschlagen, Männchen

mit kleiner postanaler Bursa und 7 Papillenpaaren; Saprobionten; 6 Arten

— Mundrohr mit Zähnen 43

43. Mundrohr mit Zähnen am Eingang desselben 44

— Mundrohr mit Zähnen an seinem Grunde bzw. an der sogenannten Übergangsstelle (VII/b) 47

44. Kopf mit kräftigen bis langen Borsten 45

— Kopf mit kurzen feinen Börstchenpaaren oder nackt 46

45. Mundrohr vorn mit 3 auffälligen, großen, hakenförmigen, ausstülpbaren Zähnen (dahinter oft 3 kleinere, bei der Häutung nach vorn rückende Ersatzzähnchen)

Gttg. *Ironus* Bastian, 1865

(II/54) Kopf halbkuglig, etwas abgesetzt, ohne deutlich erkennbare Lippen mit kleinen Papillen und seitlich stehenden kräftigen Borsten; Ösophagus dorylaimoid; Vulva um Körpermitte; Ovar paarig, Schwanz allmählich zugespitzt; vorwiegend im Wasser; 2 oder 3 Arten

— Mundrohr vorn mit 1 nach vorn gerichteten Zahn, die ganze Mundhöhle von einer bulbusartigen Schwellung des Ösophagus umgeben

Gttg. *Odontolaimus* de Man, 1880

(II/57) Kopf abgerundet, ohne deutliche Lippen und mit 10 langen Borsten; Ösophagus dorylaimoid mit hinterer, muskulöser Anschwellung; Seitenorgane ziemlich groß, rund, doppelt konturiert; Vulva in der Mitte, Cuticula fein geringelt; Europa, in feuchter Erde und in Süßwasser; 2 Arten

46. (44) Am Mundhöhleneingang kleine Zähnchen; Kopf mit deutlich abgesetzten Lippen und 10 Börstchen (6 + 4)

Gttg. *Greenia* Hoeppli und Chu, 1932

(II/55) Seitenorgane klein, queroval; Ösophagus dorylaimoid mit Endanschwellung; Vulva vor Körpermitte; Gonaden paarig; Männchen mit 2 subventralen Adanalpapillen; in Warmwasser in China; 1 Art

— Am Mundhöhleneingang 2 kleine Zähnchen; Kopf nicht abgesetzt, ohne deutliche Lippen und Borsten, nur mit sehr zarten Papillen

Gttg. *Monochromadora* Schneider, 1937

(II/56) Ösophagus chromadoroid; Terminalbulbus ohne Klappen; Seitenorgane nicht erkennbar; Vulva mittelständig; Schwanz lang, allmählich verjüngt, mit Endröhrchen; Männchen unbekannt; Süßwasser; 2 Arten

47. (43) Mundhöhle ohne deutliche Übergangsstelle 48

— Mundhöhle mit deutlich ausgeprägter Übergangsstelle (VII/b) .. 49

48. Kopf nackt; am Grunde der sehr verlängerten Mundhöhle kleine Zähnchen

Gttg. *Cryptonchus* Cobb, 1913
(II/59) Ösophagus dorylaimoid; Seitenorgane unscheinbare Querschlitze, auf dem vorderen Mundhöhlenteile gelegen; Vulva etwas hinterständig; Schwanz mit Ausführungsrohr; Dänemark, Holstein, Polen, in Salzquellen; im Gebiet 1 Art

— Kopf abgeflacht, abgesetzt, mit seitlichen Börstchen; Mundrohr eng, am Grunde mit zahnartigem Vorsprung
Gttg. *Gymnolaimus* Cobb, 1913
(II/48) Ösophagus cylindrisch (dorylaimoid), sein Lumen durch eine Einschnürung unterbrochen; Seitenorgane klein, queroval; Tropen; 1 Art

49. (47) Ösophagus meist rhabditoid, mitunter anguilluloid (V/9, 8, 7) ... 52

— Ösophagus diplogasteroid (V/11, 12) 50
Gttg. *Diplogasteroides* de Man, 1912
Untergattungen unter 50 u. 51 s. a. Anhang: Fam. Diplogasteridae S. 59

50. Mundhöhle rhabditoid, sehr lang und kräftig cuticularisiert
Untergttg. *Neodiplogasteroides* Rühm 1956
(III/63) Dorsale Übergangsstelle mit 1 kräftigen Zahn, der etwas in die Mundhöhle hineinragt; subventrale Übergangsstelle mit je 1 kleinen Zähnchen; Ösophagus diplogasteroid; Procorpus länger als Metacorpus (IV, a—c); Vulva mittelständig, Gonaden paarig; weiblicher Schwanz keilspitz; männlicher Schwanz plump mit aufgesetztem Spitzchen und fast peloderer Bursa; 3 Prä- und 7 Postanalpapillenpaare vorhanden; in feuchtem Baummulm; 2 Arten

— Mundhöhle rhabditoid, kürzer 51

51. Vulva hinterständig, weibliche Gonaden unpaar
Untergttg. *Diplogasteroides* Rühm, 1956
(III/61) Dorsale Übergangsstelle mit 2 gleichgroßen, auf gleicher Höhe stehenden Zähnen; subventrale Übergangsstelle mit je 1 ebenso großen Zahn; Ösophagus diplogasteroid; Pro- und Metacorpus gleich lang oder letzterer kürzer; weiblicher Schwanz fadenförmig oder spitz ausgezogen; männlicher Schwanz mit mehr oder weniger langer, pfriemenförmiger Spitze; Bursa fehlt oder eine schwache, leptodere Bursa vorhanden; 3 Prä- und 7 Postanalpapillenpaare; in feuchten, sich zersetzenden Medien; 4 Arten

— Vulva mittelständig, weibliche Gonade paarig
Untergttg. *Rhabdontolaimus* Fuchs, 1931
(III/62) Dorsale Übergangsstelle mit 3 Zähnen in Dreieckstellung; Mittelzahn stärker; subventrale Übergangsstelle mit je 1 Zähnchen; Ösophagus diplogasteroid; Pro- und Metacorpus gleichlang oder letzterer kürzer; weiblicher Schwanz keilspitz

oder fadenförmig lang; männlicher Schwanz plump oder schlank mit kurzer, faden- oder pfriemenförmiger Spitze; Bursa schwach, leptoder; 3 Prä- und 7 Postanalpapillenpaare; in feuchtem, verpilztem Mulm vermodernder Obstbäume; 5 Arten

52. (49) Männchen mit nur kleiner, schwach entwickelter Bursa, die durch 4 Bursalpapillen gestützt wird und daher gerippt erscheint
Gttg. *Rhabditella* (Cobb, 1929) Chitwood, 1933
(wie II/60) Die Bursa (Bursarest) (VI/5) liegt am Beginn des eigentlichen Schwanzendes; Kopf nicht abgesetzt mit 6 konischen Lippen mit je einer Papille; Vulva vor oder in Körpermitte; Gonaden paarig; Männchen mit 9 Papillenpaaren; Saprobionten; 6 Arten

— Männchen mit Bursa und mehr als 4 Bursalpapillen
Gattg. *Rhabditis* Dujardin 1845
(II/60) Mundhöhle rhabditoid; am Grunde des Mundhöhlenrohres liegen Übergangsstellen (s. VII/b), Metastombildungen, die mit Zähnen, Warzen oder Leisten ausgestattet sind (Metastomstrukturen); Vorderende mit 3 oder 6 Lippen; Seitenorgane schwer nachweisbar; Weibchen entweder mit kuppelförmigem Schwanz mit oder ohne aufgesetztem Schwanzfaden oder Spitzchen, oder konisch verlängert und fein auslaufend; die Tiere leben meist saprob, doch finden sich alle Übergänge zum Parasitismus; sehr arten- und formenreiche Gattung; über 150 Arten; der folgende Schlüssel zu den Untergattungen und Formengruppen folgt der Einteilung von OSCHE (1952) und stützt sich auf dessen Übersichten

(Schlüssel zu den Untergattungen und Formengruppen der Gttg. *Rhabditis* verändert nach OSCHE, 1952)

a	Bursa peloder (VI/1;	b
—	Bursa leptoder (VI/2; 4)	m
b	Spicula verwachsen (VI/13	c
—	Spicula frei (VI/11 u. 12)	h
c	Vulva hinterständig	d
—	Vulva mittelständig	g
d	Übergangsstelle vorhanden (VII)	e
—	Übergangsstelle fehlt	U-Gttg. *Parasitorhabditis* (Fuchs, 1937) Chitwood, 1950, 15 Arten
e	Lippen teratocephalusartig (III/81)	U-Gttg. *Teratorhabditis* Osche, 1952, 1 Art
—	Lippen anders gestaltet	f
f	Ohne Ösophagusmanschette, weibl. Gonade meist unpaar	U-Gttg. *Rhabditis* Osche, 1952 (*cylindrica*-Gr.)

—	Mit Ösophagusmanschette, weibl. Gonade paarig (VII)	U-Gttg. *Mesorhabditis* Osche, 1952; 15 Arten
g (c)	Bursa offen (VI/1)	U-Gtt. *Rhabditis* (teres-Gr.)
—	Bursa geschlossen (VI/3)	*Rhabditis* (*coarctata*-Gr.)
h (b)	Vulva mittelständig	i
—	Vulva hinterständig	*Rhabditis* (*lambdiensis*-Gr.) 2 Arten
i	Ohne Übergangsstelle	U-Gttg. *Protorhabditis* Osche, 1952; 7 Arten
—	Mit Übergangsstelle	k
k	Mit Ösophagusmanschette	l
—	Ohne Ösophagusmanschette	*Rhabditis plicata*
l (i)	Übergangsstelle mit 2 Zähnchen	U-Gttg. *Caenorhabditis* Osche, 1952 8 Arten
—	Übergangsstelle mit Warzen	U-Gttg. *Choriorhabditis* Osche, 1952 16 Arten (*pellio*-Gr.)
m (a)	Spicula verwachsen	n
—	Spicula frei	o
n	Männchen ohne Präanalpapillen	U-Gttg. *Teratorhabditis* Osche, 1952 2 Arten
—	Männchen mit Präanalpapillen	*Rhabditis maxima o. dubia*
o (m)	Übergangsstelle mit 3 bis 5 Warzen	p
—	Übergangsstelle mit 3 kleinen Zähnchen	U-Gttg. *Telorhabditis* Osche, 1952 6 Arten
p	Bursa radiär gegliedert (VI/4)	q
—	Bursa nicht radiär gegliedert	r
q	Männlicher Schwanzfaden lang, weiblicher Schwanz konisch	U-Gttg. *Choriorhabditis* Osche, 1952 (*elongata*-Gr.)
—	Männlicher Schwanzfaden kurz, weiblicher Schwanz kuppelförmig mit Spitzchen	*Choriorhabditis* (*curvicaudata*-Gr.)
r (p)	Männchen mit langem Schwanzfaden	*Choriorhabditis* (*longicaudata*-Gr.)

— Männlicher Schwanzfaden die Bursa kaum überragend *Choriorhabditis* (*maupasi*-Gr.)

53. (32) Mundhöhle gleichfalls mehr oder weniger tief röhrenförmig, aber mit nicht kontinuierlich cuticularisierten Begrenzungen (im optischen Längsschnitt erkennt man nicht gleichmäßig stark lichtbrechende Stücke (Rhabdions); Mundhöhle cephaloboid (III/64—73) 54

— Mundhöhle anders, kürzer, cylindrisch 63

54. Kopf nur mit einfachen Lippen ohne auffällige Anhänge 55

— Kopf mit Anhängen 56

55. Lippen einfach, geschlossen, nicht ganz miteinander verschmolzen, Papillen undeutlich

Gttg. *Cephalobus* Bastian, 1865

(III/64) Mundhöhle aus Cheilostom, Protostom, Mesostom, Metastom und Telostom zusammengesetzt (s. T. III/64—67 u. T. VII/a); Ösophagus cephaloboid (V/6); Cuticula geringelt; Vulva hinterständig; Gonaden unpaar, Gonadenast mit Blindsack (Spermatheca) an der vorderen Umbiegung und doppeltem hinteren Umschlag (VI/16); weiblicher Schwanz kurz, abgerundet, mitunter mit kleinem, aufgesetztem Spitzchen; Männchen mit je 3 Prä- und 3 Postanalpapillenpaaren; meist terricol, doch auch semiparasitisch an Pflanzen; 7 Arten

— Lippen deutlich, abgerundet bis zugespitzt mit oder ohne deutliche Papillen

Gttg. *Eucephalobus* Steiner, 1936

(III/65) wie vorige Gattung; Schwanz schlanker, meist zugespitzt bei 1 Art am Ende keulenförmig verdickt; Papillenzahl und Stellung beim Männchen variabel; in Erde, Wasser und semiparasitisch; 13 Arten

56. (54) An Stelle der Kopfanhänge finden sich 5 lange, gefiederte Cirren zwischen den Kopflappen

Gttg. *Chambersiella* Cobb, 1920

(III/73) Kopf mit 6 pyramidenförmig zusammengeneigten Lippenanhängen, die von einem Kreis von 5 langen, gefiederten Kopfanhängen, sogenannten Cirren umgeben sind; Kopfpapillen groß; Mundhöhle kürzer und breiter als bei den vorigen; zur nächsten Gruppe überleitend; Ösophagus cephaloboid; Vulva hinterständig; Gonaden unpaar, nach vorn, bis in Anusnähe zurückgeschlagen; Männchen mit zahlreichen Schwanzpapillen; hinter Baumrinde; 1 Art

— Kopfteil mit 3 mehr oder weniger auffälligen Lippen- und 6 Kopfanhängen (Probolae) 57

57. Mit 3 ungeteilten, breiten Lippenanhängen 58

— Mit 3 distal ausgeschnitten bis gegabelten Lippenanhängen 59

58. Lippenanhänge im Umriß dreieckig mit stumpfer Spitze; Kopfanhänge 6, niedrig

Gttg. *Acrobeloides* (Cobb, 1924) Thorne, 1937

(III/66) Ringelung der Cuticula normal; Ösophagus cephaloboid; Schwanz konisch, abgerundet; Vulva hinter der Körpermitte; Gonaden unpaar, bis hinter die Vulva doppelt umgeschlagen; meist terrestrisch, in kultivierten Böden, auch aquatil, Männchen unbekannt; 12 Arten

— Lippenanhänge im Umriß halbkreisförmig, hoch, desgleichen die 6 Kopfanhänge

Gttg. *Placodira* Thorne, 1937

(III/70) Die ersten 12—16 Ringe der Cuticula aus abgerundeten Platten zusammengesetzt; die übrige Ringelung normal; Ösophagus cephaloboid, sehr lang und schmal; Isthmus sehr kurz; Vulva hinterständig; in der Wurzelumgebung; 1 Art

59. (57) Lippenanhänge distal ausgeschnitten 60

— Lippenanhänge gegabelt 61

60. Lippenanhänge lappenförmig, distal ausgeschnitten, dorsaler Lappen symmetrisch, ventro-mediale Lappen unsymmetrisch gebaut; Ringelung der Cuticula normal; Kopfanhänge fehlend oder sysmmetrisch

Gttg. *Chiloplacus* Thorne, 1937

(III/67) Ösophagus cephaloboid; Schwanz konisch abgerundet; Männchen mit 8—9 Papillenpaaren; saprob lebend; 12 Arten

— Lippen und Kopfanhänge wie bei voriger Gattung; die einzelnen Ringe der Cuticula mit 4 Parallelreihen von Punkten

Gttg. *Zeldia* Thorne, 1937

(III/71) Procorpus des Ösophagus lang, Isthmus kurz; Schwanz konkav-konisch, spitz endigend; Männchen unbekannt; Pflanzendetritus; USA; 5 Arten

61. (59) Gabelenden der Lippenanhänge lang und schlank, bis zur halben Länge eingeschnitten

Gttg. *Acrobeles* v. Linstow, 1877

(III/69) Lippenanhänge lang und schlank, bis zur halben Länge gegabelt, Zipfel bewimpert; Kopfanhänge lang konisch, nach außen gebogen, gezähnt; Ösophagus cephaloboid; Cuticula deutlich geringelt; Schwanz in beiden Geschlechtern zugespitzt; Vulva hinterständig; Männchen mit Prä- und Postanalpapillen; in Erde, an Wurzeln, in Faulstoffen; 10 Arten

— Gabelenden der Lippenanhänge relativ kurz 62

62. Ringelung der Cuticula normal

Gttg. *Cervidellus* Thorne, 1937

(III/68) Lippenanhänge borstenförmig oder breiter, kurz gegabelt; Gabelspitzen bewimpert oder nicht bewimpert; Einschnitte

	der Kopflappen cuticularisiert; Ösophagus cephaloboid; Schwanz konisch, spitz; humöser Boden; kleine Arten, unter 0,5 mm lang, 10 Arten	
—	Ringe der Cuticula aus abgerundeten Platten zusammengesetzt Gttg. *Stegellata* Thorne, 1938 (III/72) Lippenanhänge gegabelt; Kopfanhänge einheitlich, viereckig, Seitenfelder nicht geringelt; Ösophagus cephaloboid; Schwanz kurz konisch, Spitze abgerundet; Rhizosphäre; 3 Arten	
63. (53)	Mundhöhle kürzer, cylindrisch, Vorderabschnitt aus Cheilo-, Proto- und Mesostom bestehend; Hinterabschnitt trichterförmig verengt, undeutlich in Meta- und Telostom differenziert; Mundhöhle panagrolaimoid (III/74—84)	64
—	Mundhöhle anders gebaut	76
64.	Ösophagus panagrolaimoid oder anguilluloid	67
—	Ösophagus anders gebaut	65
65.	Vorderabschnitt des Ösophagus (Procorpus) mit 2—3, durch flache Einbuchtungen getrennten Anschwellungen Gttg. *Rhabditophanes* Fuchs, 1930 syn. *Cheilobus* Cobb, 1914 (III/84) Kopf mit 4 Lippen; Mundhöhle sehr klein, kurz und ohne deutliche Gliederung; Endbulbus mit Klappen; Vulva in Körpermitte; weibliche Gonade paarig; Männchen selten, ohne Bursa und mit 2 postanalen Papillen; Saprobionten; 1 Art	
—	Procorpus des Ösophagus mit nur 1 bulbusartigen Anschwellung	66
66.	Ösophagus rhabditoid; (Procorpus mit Mittelbulbus) Gttg. *Tricephalobus* Steiner, 1936 (III/82) Kopf mit breiten Lippen und 2 Papillenkreisen; Cheilostom ohne cuticularisierte Rhabdions; Pro-Mesostom einen nicht gegliederten Cylinder bildend; das schwach cuticularisierte Meta-Telostom lang und eng, mit Zähnchenbildungen; Klappenapparat des Endbulbus mit 3 Gegenflügeln; Vulva leicht hinterständig; Gonaden unpaar; weiblicher Schwanz lang, fadenförmig verlaufend; männlicher Schwanz zuerst plump, dann in eine längere, dolchförmige Spitze auslaufend, mit 8 Papillenpaaren; saprob und im Bohrmulm von Käfern; 3 Arten	
—	Ösophagus diplogasteroid Gttg. *Demaniella* Steiner, 1914 (III/83) Mundhöhle cylindrisch von Pro-Mesorhabdien begrenzt; an der Übergangsstelle 1 Dosalzahn; Cuticula geringelt; Ösophagus diplogasteroid; Vulva etwas vor Körpermitte; weibliche Gonade paarig, Schwanz lang, fein endigend; in Pferdemist, faulem Gras und Baummulm; 1 Art	
67. (64)	Lippen von normalem Bau	68
—	Lippen abweichend gestaltet, vom Körper abgesetzt	74

68. Mit Zähnen im vorderen, weiten Mundhöhlenteil

Gttg. *Panagrodontus* Thorne, 1935

(III/79) Im vorderen Mundhöhlenraum 1—3 fast quergestellte Zähne; Lippen undeutlich; Cheilostom schwach, Pro-Mesostomcylinder kräftig, an der Basis mit Dorsalzahn; hinterer Mundhöhlenteil trichterförmig von Meta- und Telostom gebildet; Ösophagus anguilluloid; Cuticula geringelt; Vulva hinterständig; weibliche Gonade unpaar, bis hinter die Vulva zurückgeschlagen; Männchen mit 4 Paaren von Schwanzpapillen; 1 präanal subventral, 2 + 3 postanal subventral, 4 postanal subdorsal; in Baummulm; 4 Arten

— Mit Zähnen im hinteren Teil der Mundhöhle (an der Übergangsstelle) 69

69. Vorderteil der Mundhöhle kurz; Protostom so lang wie Mesostom 70

— Vorderteil der Mundhöhle entweder lang oder sehr kurz; Protostom länger als Mesostom 71

70. Kopf mit flachen, konischen Lippen und wenig deutlichen Papillen; Mundhöhle ausgezeichnet durch kräftiges Cheilostom und gleichlanges Pro-Mesostom

Gttg. *Procephalobus* Steiner, 1934

(III/75) Ösophagus im Procorpus mit cylindrischer Anschwellung; Vulva hinterständig; Gonaden unpaar nach vorn; Männchen mit 6 Schwanzpapillenpaaren; 1 präanal, 2 + 3 anal, 4—6 postanal; Schwanzende des Männchens mit kurzer pfriemenförmiger Spitze; wahrscheinlich mycophile Art, nicht aus diesem Gebiet bekannt; Steiner, 1934; 1 Art

— Kopf mit abgerundeten, papillentragenden Lippen; Cheilostom schwach; cuticularisierter Mundhöhlenteil aus Pro- und Mesostom bestehend; beide Stücke gleichlang

Gttg. *Plectonchus* Fuchs, 1930

(III/76) Übergangsstelle des Metastoms mit Zähnchen; weibliche Gonade unpaar, ohne hinteren Uterusast; Ovar prävulvar umgeschlagen und gänzlich im Raume zwischen Vulva und Ösophagusende gelegen; Ösophagus anguilluloid; Männchen ohne Bursa mit Prä- und Postanalpapillenpaaren; im Mulm und in Baumflüssen; 4 Arten

71. (69) Cuticularisierter Mundhöhlenteil relativ lang; Protostom meist länger als Mesostom 72

— Cuticularisierter Mundhöhlenteil sehr kurz; Protostom länger als Mesostom 73

72. Männchen mit ventromedianer Präanalpapille

Gttg. *Neocephalobus* (Steiner, 1928) Steiner, 1934

Morphologisch wie Gttg. *Panagrolaimus*; Saprobionten, Bakterienfresser; in Mitteleuropa nicht nachgewiesen; 2 Arten

— Männchen ohne ventromediane Präanalpapille

Gttg. *Panagrolaimus*, Fuchs, 1930

(III/74) Kopf mit 3 oder 6 geschlossenen Lippen mit Papillen; vorderer Mundhöhlenabschnitt relativ weit, aus meist schwachem Cheilostom ohne Cheilorhabdions und kräftiger cuticularisiertem Pro-Mesostom gebildet; hinterer Mundhöhlenabschnitt kürzer, trichterförmig, mehr oder weniger deutlich in Meta- und Telostom differenziert; Übergangsstelle mit Zähnchen; Ösophagus panagrolaimoid (anguilluloid) (V/7, 8); Procorpus ohne Bulbus; Klappenapparat des Endbulbus mit 3 kräftigen Gegenflügeln; Vulva hinterständig; Gonaden stets unpaar; Männchen ohne Bursa mit 6—8 Schwanzpapillenpaaren; in allen möglichen Substraten vorkommend; viele Arten im Bohrmulm von Käfern; über 20 Arten

73. (71) Spicula am inneren Ende mit dorsalwärts gerichtetem Fortsatz

Gttg. *Turbatrix* Peters, 1927

(III/77) Kopf mit geschlossenen, runden Lippen mit Papillen; Cheilostom ohne Rhabdions; das an sich kurze Protostom ist viel länger als das Mesostom; Ösophagus anguilluloid; Endbulbus mit Klappenapparat und einem ventralen Gegenflügel (V/8); Körper sehr schlank, Schwanz lang und spitz, Vulva etwas hinterständig, weibliche Gonade unpaar; Männchen ohne Bursa, mit 7 Schwanzpapillenpaaren, davon 2 präanal; „Essigälchen", in gärenden Flüssigkeiten, z. B. in Baumflüssen; 1 Art

— Spicula am inneren Ende mit ventralwärts gebogenem Hakenfortsatz

Gttg. *Panagrellus* Thorne, 1938

syn. *Anguillula* Müller, 1783

(III/78) Morphologisch wie Turbatrix; in gärenden Flüssigkeiten; 4 Arten

74. (67) Schwanz in beiden Geschlechtern plump keilförmig, ziemlich kurz; Männchen mit 3 präanalen und 4 postanalen Papillenpaaren

Gttg. *Panagrobelus* Thorne, 1939

(III/80) Lippenregion kronenförmig, aus 6 am Innenrande cuticularisierten Zipfeln bestehend; Cheilostom ohne Cheilorhabdien; Pro-Mesostom cylindrisch von längeren Prorhabdien und kürzeren Mesorhabdien begrenzt; Metastom lang, ohne deutliche Übergangsstelle, jedoch mit Zähnchen; Telostom trichterförmig ohne Cuticularring; Ösophagus anguilluloid; Procorpus länger als Metacorpus; Endbulbus mit Klappen ohne Gegenflügel; Vulva hinterständig; weibliche Gonade unpaar; Männchen ohne Bursa; stets 7 Papillenpaare, davon 3 präanal und ein stets subdorsal stehendes postanales; in Baummulm; 2 Arten

— Schwanzform variabel, aber immer spitz bis haarfein auslaufend; Männchen mit 2 präanalen, einem analen und 3 postanalen Papillenpaaren 75

75. Weibliche Gonade unpaar

Gttg. *Teratocephalus* de Man, 1876

Cuticula stark geringelt; Kopf fast stets durch eine Einschnürung deutlich abgesetzt; 6 Lippen, distal spitzig, aber nie borstenförmig ausgezogen; Außenränder stark cuticularisiert, Kopfborsten fehlen; Seitenorgan klein, spaltförmig; Ösophagus lang, schlank, Isthmus fehlt, Endbulbus mäßig entwickelt, oval, mit einfachem Klappenapparat; weibliche Gonade unpaar, prävulvar, Ovar umgeschlagen, 1 Ei; Vulva hinter der Körpermitte; Spicula dünn; Gubernaculum fehlt; männliche Papillen klein; Schwanz konisch, oft verjüngt, spitz endigend, mehr oder weniger lang; 6 Arten

— Weibliche Gonade paarig

Gttg. *Euteratocephalus* Andrassy, 1958

Cuticula fein geringelt; Kopf mehr oder weniger stark abgesetzt; 6 Lippen; Einschnitte stark cuticularisiert, 4 Kopfborsten vorhanden; Seitenorgane groß, kreisrund, versteckt spiralig; Ösophagus schlank, ohne Isthmus, Endbulbus groß, rund, mit sehr großem, massigen Klappenapparat; weibliche Gonade paarig; Ovar klein, umgeschlagen, Männchen selten; Spicula mit Gubernaculum; 1 röhrchenartiges Präanalorgan vorhanden, Papillen klein, Schwanz konisch, mehr oder weniger verjüngt, spitz endigend; 2 Arten

76. (63) Mundhöhlenbau uneinheitlich; Mundhöhle aber durchweg 2teilig, aus einem weiten, schüsselförmigen Vorderabschnitt und einem engeren, verschieden geformten Hinterabschnitt zusammengesetzt; Zahnbildungen ziemlich groß (III/85—90 und IV/91—99) 77

— Mundhöhle anders 91

77. Hinterabschnitt röhrenförmig oder kürzer cylindrisch (III/85, 90 und IV/95, 96, 99) 78

— Hinterabschnitt anders gestaltet 82

78. Hinterabschnitt verlängert röhrenförmig 79

— Hinterabschnitt kürzer, weiter, cylindrisch 80

79. Ösophagus cylindrisch mit Terminalbulbus (chromadoroid) (V/4); Kopf nicht abgesetzt, mit 6 Lippen und 4 langen Borsten

Gttg. *Ethmolaimus* de Man, 1880

(III/90) Mundhöhle vorn weit, gestreift; an der Übergangsstelle in den röhrenförmigen Hinterabschnitt 1 Dorsalzahn und 2 Subventralzähnchen; die Mundhöhlenregion von einem Pharyngealbulbus umgeben; Seitenorgane groß, spiralig; Cuticula punktiert geringelt, weibliche Gonade paarig, Männchen mit 1 Reihe von

11—14 median gelegenen Präanalpapillen; Schwanz schlank mit aufgesetztem Endröhrchen; feuchte Erde, Süßwasser; 6 Arten

— Ösophagus diplogasteroid; Kopf mit 6 Lippen mit Papillen
Gttg. *Neodiplogaster* Cobb, 1924
(IV/99) Mundhöhle vorn weit, schüsselförmig, durch 18 Cheilorhabdien längsgestreift; Pro-Mesostom kurz; Metastomübergangsstelle mit 2 sich gegenüberstehenden großen Zähnen; Telorhabdien (d. h. der röhrenförmige Teil) am Ende mit flügelartigen, im Ösophagusgewebe verankerten Gebilden); Männchen mit schmaler oder breiter hervortretender Bursa und 9 Papillenpaaren; Vulva mittelständig, weibliche Gonade paarig; in Baummulm; 6 Arten

80. (78) Der zylindrische Mundhöhlenteil trägt am Grunde winzige Zähnchen; Seitenorgane klein, rund; Ösophagus dorylaimoid mit anhängendem Cardiateil (V/a)
Gttg. *Anonchulus* Cobb, 1913
(IV/96) Kopf nicht abgesetzt, ohne deutliche Lippen und Papillen, aber mit 4 oder 6 langen Kopfborsten; Cuticula geringelt; Vulva mehr oder weniger mittelständig, Gonaden paarig oder unpaar; Männchen mit einer Reihe von ventral gelegenen Papillen, die vom Anus bis zum Ösophagus reicht; Süßwasser, Seen; 3 Arten

— An der Übergangsstelle beider Mundhöhlenabschnitte kräftigere Zahnbildungen, s. auch Gttg. *Diplogaster* 81

81. Seitenorgane deutlich spiralig; Ösophagus chromadoroid mit 3 Klappenelementen im Terminalbulbus
Gttg. *Prodesmodora* Micoletzky, 1933
(III/85) Mundhöhle vorn weit schüsselförmig mit Cheilorhabdien, dann cylindrisch; an der Übergangsstelle 1 Dorsal- und 2 Subventralzähnchen; Kopf nicht abgesetzt mit 4 Borsten; Ringelung der Cuticula nicht in Punkte aufgelöst; weiblicher Schwanz schlank mit Endröhrchen; weibliche Gonade paarig; Männchen unbekannt; Süßwasser, subalpine Seen, Feuchterde; 3 Arten

— Seitenorgane versteckt spiralig, Ösophagus dorylaimoid
Gttg. *Onchulus* Cobb, 1920
(IV/95) Mundhöhle fast 3teilig erscheinend, aus einem kurzen Vestibulum, einer Mittelkammer mit nach außen gekrümmten Wänden und aus einem längeren, cylindrischen Hinterabschnitt bestehend, im Mittelteil 1 großer, spitzer Dorsalzahn; Kopf mit 6 Lippen, Papillen und 4 langen Borsten; 2 weitere Borsten seitlich am Mundhöhlengrunde; Cuticula glatt, Vulva etwas vor der Mitte; in der Rhizosphäre von Pflanzen und in Höhlengewässern; 2 Arten

82. (77) Hinterer Mundhöhlenabschnitt mehr oder weniger weit und tief keilförmig 83
— Hinterer Mundhöhlenabschnitt anders gestaltet 86
83. Farbige Augenflecken (Ocellen) vorhanden (III/89 + 90) 84
— Augenflecken fehlen 85
84. Ösophagus chromadoroid; Endbulbus klein; Männchen mit 16 median gelegenen Präanalpapillen
Gttg. *Prochromadorella* Micoletzky, 1924
(III/88) Mundhöhle vorn weit, durch Cheilorhabdien gestreift; Hinterabschnitt zuerst weit, dann tief keilförmig; an der Übergangsstelle 3 Zähne; Kopf nicht abgesetzt mit Lippen, Papillen und 4 langen Borsten, Körper ebenfalls beborstet; Cuticula geringelt; die Ringelung am Kopfende in Punkte, in Körpermitte in Punkte und Stäbchen auflösbar; weibliche Gonade paarig; Schwanz mit Endröhrchen; marin und in Süßwasser; 3 Arten
— Endbulbus des Ösophagus sehr groß; Männchen mit 2 oder 3 Präanalpapillen
Gttg. *Punctodora* Filipjev, 1930
(III/89) Im Körperbau der voraufgehenden Gattung gleichend; Dorsalzahn groß, hohl; Süßwasser; im Gebiet 1 Art
85. (83) Hinterer Mundhöhlenabschnitt eng; Cuticularringelung nur aus Punkten zusammengesetzt
Gttg. *Prochromadora* Filipjev, 1922
(IV/94) Mundhöhlenbau wie bei *Prochromadorella* Männchen mit einer Reihe von 7—15 Präanalpapillen; marin; 3 Arten
— Hinterer Mundhöhlenabschnitt weit, Cuticula glatt
Gttg. *Paradoxolaimus* Kreis, 1924
(IV/97) Vorderer Mundhöhlenabschnitt sehr weit und durch Cheilorhabdien auffällig gestreift und vom Hinterabschnitt durch ein cuticularisiertes Querband getrennt; Seitenorgane groß, herzförmig, dicht hinter dem vorderen Mundhöhlenende gelegen; Kopf vorn nackt, Ösophagus dorylaimoid, Vulva leicht hinterständig, Gonaden paarig, Schwanz kurz, halbrund; in Moos; 1 Art
86. (82) Hinterer Mundhöhlenabschnitt kürzer, konisch oder trichterförmig, bei einer *Diplogaster*-Gruppe cylindrisch 87
— Hinterer Mundhöhlenabschnitt kurz, im Umriß oval bis kuglig oder fehlend 88
87. Ösophagus chromadoroid
Gttg. *Paracyatholaimus* Micoletzky, 1924
(III/87) Vorderer weiter Mundhöhlenteil durch Cheilorhabdien längsgestreift, Hinterabschnitt eng konisch; an der Grenze beider Teile 1 großer, spitzer Dorsalzahn; Seitenorgane spiralig; Kopf nicht abgesetzt, abgeflacht mit 10 Kopfborsten; Endbulbus

schwach; weibliche Gonade paarig; Männchen mit Endröhrchen; Süßwasser, Feuchterde, Salzboden; 5 Arten

— Ösophagus typisch diplogasteroid
Gttg. *Diplogaster* M. Schultze, 1857
(IV/98) Mundhöhlenbau sehr variabel, kurz trichterförmig bis cylindrisch mit größeren Zähnen; Ösophagus mit muskulösem Vorderbulbus und drüsig-zellulärem, klappenlosem Endbulbus (Scheinbulbus) (V/11 + 12); Kopf nicht abgesetzt, Lippen mit Papillen oder Borsten; Cuticula oft mit Längsleisten und Querringen, die sich mitunter in ornamental angeordnete Punkte und Striche auflösen; Vulva mittel- oder endständig; Schwanz meist filiform; Männchen mit oder ohne Bursa oder mit Bursaresten (VI/5); Bursa stets leptoder; 9—10 Papillenpaare vorhanden; räuberisch und saprob lebend, zahlreiche Arten; s. Anhang „Übersicht über die Familie Diplogasteridae" und „Gattung Diplogaster" S. 59

88. (86) Beide Mundhöhlenteile vorhanden, Hinterabschnitt oval bis kuglig 89

— Hinterabschnitt unscheinbar, fehlend; nur Vorderabschnitt deutlich ausgeprägt 90

89. Seitenorgane spiralig
Gttg. *Achromadora* Cobb, 1913
(III/86) An der Übergangsstelle beider Mundhöhlenteile 1 großer Dorsalzahn, dahinter im oval geformten Hinterabschnitt 2 kleine Subventralzähnchen; Kopf nicht abgesetzt, Lippen mit Papillen und 10 Börstchen; Ösophagus chromadoroid; Ringelung der Cuticula aus Punktreihen bestehend; Gonaden paarig; Schwanz mit Endröhrchen; Männchen ohne Präanalpapillen; in feuchter Erde und in Süßwasser; 8 Arten

— Seitenorgane unscheinbar
Gttg. *Chromadorita* Filipjev, 1922
(IV/91) Mundhöhle in Dorsallage 2teilig; an der Übergangsstelle 1 großer Dorsalzahn und 2 kleinere Subventralzähnchen; Ösophagusansatz unsymmetrisch, dorsal stärker vorgewölbt; Kopf und Körper mit langen Borsten; Cuticula mit Punktringelung; Weibchen mit charakteristischer, weiträumiger Vaginalkammer (VI/18); weibliche Gonaden paarig und umgeschlagen; Männchen mit 6—9 (8) Präanalpapillen; Schwanz schlank, mit Endröhrchen; Brack- und Süßwasserbewohner; 6 Arten

90. (88) Nur der vorderer Mundhöhlenabschnitt deutlich ausgeprägt (hinterer Abschnitt ohne eigentliches Lumen); Kopf abgerundet mit niedrigen Lippen und langen Borsten; Mundhöhle am Grunde mit 3 Zähnen

Gttg. *Chromadorella* Filipjev, 1918

(IV/92) Ösophagus chromadoroid mit plasmatischen Einlagerungen; 1 Art mit Ocellen; Ringelung der Cuticula aus Punktreihen bestehend; Vulva mittelständig; Männchen ohne oder mit Präanalpapillen; marin; 2 Arten

— Kopf mit hohen, geschlossenen Lippen und langen Borsten; am Grunde des weiten Mundhöhlenteiles 1 großer Dorsalzahn

Gttg. *Chromadora* Bastian, 1865

(IV/93) Ösophagus chromadoroid; Cuticula geringelt; Körper mit Börstchen; Vulva etwas vor der Mitte; Männchen ohne Präanalorgan; marine Gattung; 5 Arten; in Süßwasser 1 Art

91. (76) Mundhöhle aus 3—5 nach hinten zusammenneigenden Stäbchen (Rhabdien) gebildet (IV/100); Ösophagus plectoid oder chromadoroid 92

— Mundhöhle anders, Ösophagus diplogasteroid

Gttg. *Tylopharynx* de Man, 1876

(IV/102) Mundhöhle abweichend gebaut, vorderer Teil aus einem U-förmigen — aus 2 Teilstücken bestehenden — Stück bestehend, Hinterabschnitt (Telostom) röhrenförmig, von 2 langen, parallel verlaufenden Rhabdien begrenzt, die nahe dem inneren Ende 2 gestielte Bläschen tragen; Kopfende abgerundet mit flachen Lippen und Börstchenpapillen; Endbulbus birnförmig; Cuticula fein geringelt und durch erhabene Leisten längsgestreift; Schwanz beider Geschlechter haarfein auslaufend; Vulva vor der Körpermitte, weibliche Gonade paarig; Männchen ohne Bursa, mit 3 präanalen und einigen postanalen lateralstehenden Papillenpaaren; Kuh- und Pferdemist, feuchter Wiesenboden; 1 Art

92. Ösophagus plectoid, Vulva etwas vor der Körpermitte

Gttg. *Rhabdolaimus* de Man, 1880

(IV/100) Mundhöhle einteilig, lang, zunächst röhrenförmig erscheinend, tatsächlich aus 3 Stäbchen gebildet, die am Vorderende mit 3 zahnähnlichen Gebilden in Verbindung stehen; Kopf nackt erscheinend; Papillen winzig; Seitenorgane unscheinbar; weibliche Gonade paarig; Männchen mit plumpen Spicula und rudimentären akzessorischen Stücken; Schwanz schlank mit kegelförmigem Endröhrchen; in Erde und Süßwasser, auch in heißen Quellen; 4 Arten

— Ösophagus chromadoroid ohne echten Endbulbus; Vulva weit hinterständig

Gttg. *Choanolaimus* de Man, 1880

(IV/101) Mundhöhle zweiteilig, Vorderteil von 2, Hinterabschnitt von 3 Stäbchen begrenzt, ohne Zahnbildungen; Kopf mit flachen Lippen und Papillen; Seitenorgane spiralig auf Mundhöhlenmitte; Ringelung der Cuticula in Körnchen auflösbar, die in den Seitenfeldern größer sind; Schwanz kurz abgerundet; Männchen ohne Bursa und ohne Präanalpapillen; in Dünensand; 1 Art

Ib) Gattungsschlüssel bodenbewohnender und phytopathogener Nematoden mit Mundstachel

1. Tiere in beiden Geschlechtern typisch nematodenförmig (VIII/1); Cuticula glatt oder schwach geringelt 3

— Weibchen nicht typisch nematodenförmig (VIII/3, 4 u. 5) 2

2. Weibchen mehr oder weniger unsymmetrisch angeschwollen (VIII/4 u. 5); Parasiten an oder in Pflanzen 48

— Weibchen symmetrisch, aber kurz und plump (VIII/3); Cuticula stark geringelt oder beschuppt; Stachel des Weibchens 1/2 und mehr der Ösophaguslänge einnehmend (IX/2; X/1) 7

3. (1) Ein Ausführgang der Nackendrüsen mündet kurz unterhalb der Stachelbasis in den Ösophagus (VIII/1; IX/1, 2 u. 3; X/1) (bei *Iotonchium* nicht zu erkennen) 4

— Es mündet keiner der Nackendrüsengänge kurz unterhalb der Stachelbasis in den Ösophagus (IX/4 u. 5) 5

4. Mit echtem Mittelbulbus; Stachel meist deutlich geknöpft (IX/1 u. 2; X/1) 6

— Ohne echten Mittelbulbus; Stachel meist deutlich geknöpft (IX/3) (bei *Beleodorus* Stachel mit flachen, flügelförmigen Anhängen) ... 39

5. (3) Mit echtem Mittelbulbus (IX/4;) Stachel mehr oder weniger deutlich geknöpft (VIII/7) 58

— Ohne echten Mittelbulbus (IX/5); Stachel von verschiedener Gestalt, lang und glatt und ohne Knöpfe (VIII/8), mit seitlichen flügelförmigen Anhängen (VIII/10), selten geknöpft (VIII/9) oder mit seitenständigem, stachelähnlichem Zahn (s. a. XI/7—18) 62

6. (4) Stachel der Weibchen criconemoid (VIII/11), 1/2 und mehr der Ösophaguslänge einnehmend (VIII/3; IX/2; X/1); Stachel der Männchen nicht selten fehlend oder stark reduziert 7

— Stachel weniger als $\frac{1}{2}$ der Ösophaguslänge einnehmend, meist in beiden Geschlechtern vorhanden 14

7. (2) Form und Lage der Eingeweide der Weibchen sind deutlich zu erkennen; meist gedrungen gebaute, kräftig geringelte Tiere (IX/2; X/1) 9

— Die kräftige Ringelung oder Beschuppung verwehrt einen Einblick in die innere Anatomie; kurze, plumpe Tiere (VIII/3) 8

8. Erwachsene Tiere mit cuticulären Fortsätzen und Schuppen

Gttg. *Criconema* Hofmänner et Menzel, 1914

Körper kräftig, spindelförmig; Ringe mit nach hinten gerichteten Stacheln oder platten Schuppen; Vulva und Anus nur schwer zu erkennen; Weibchen mit criconemoidem Stachel; Männchen selten oder unbekannt, ohne Stachel; 25 Arten

— Cuticula stark geringelt, die der reifen Tiere ohne Schuppen und Stacheln (VIII/3)

Gttg. *Criconemoides* Taylor, 1936

Cuticula dick, mit großen, nach rückwärts gerichteten Ringen (58 bis 160); Vulva und Anus undeutlich; Stachel der Weibchen criconemoid; Männchen selten, ohne Stachel; 25 Arten

9. (7) Weibchen mit unpaarer Gonade 10

— Weibchen mit paariger Gonade 12

10. Cuticula einschichtig (IX/2)

Gttg. *Paratylenchus* Micoletzki, 1922

Körper ziemlich gedrungen; Cuticula mit Querstreifen; Kopf konisch, nicht abgesetzt; Endbulbus des Ösophagus meist rund; Vulva nahe dem Hinterende; Gonade langgestreckt; hinterer Uterusast fehlt; Männchen mit reduziertem Ösophagus und Stachel, ohne Bursa; 12 Arten

(nahe verwandt ist die Gttg. *Macroposthonia* de Man, 1880, von deren 1 Art nur das Männchen beschrieben wurde)

— Cuticula doppelschichtig (X/1) 11

11. Der Darm erstreckt sich seitlich vom Ösophagus weiter nach vorn (X/1)

Gttg. *Hemicriconemoides* Chitwood et Birchfield, 1957

Weibchen mit doppelter Cuticula, Ringe (weniger als 200) der äußeren ziemlich flach, die der inneren oft zahlreicher; Gonade gestreckt; hinterer Uterusast fehlt; Männchen ohne funktionsfähigen Stachel; Spicula länglich, gebogen bis gerade; Bursa schwach entwickelt; 6 Arten

— Ohne einen solchen seitlichen Darmfortsatz

Gttg. *Hemicycliophora* de Man, 1921

Körper plump, mit 200 oder mehr kräftigen, auf den Seitenlinien ornamentierten Ringen; Endbulbus klein, eiförmig; Männchen ohne deutlichen Ösophagus und Stachel; Bursa vorhanden; Spicula groß; 25 Arten

12. (9) Lippen nicht abgesetzt, im Körperumriß liegend (X/11b)

Gttg. *Macrotrophurus* Loof, 1958

Cuticula fein geringelt; Endbulbus deutlich; Schwanz des Weibchens mit stark verdickter Cuticula (X/7); Vulva etwa in Körpermitte; Bursa vorhanden; 1 Art

— Lippen durch eine Einschnürung abgesetzt (X/11a) 13

13. Endbulbus deutlich; Schwanz des Weibchens mit scharfer Spitze

Gttg. *Dolichodorus* Cobb, 1914

Cuticula quergestreift; Bursa aus zwei deutlichen Flügeln bestehend, die den Schwanz überragen; 3 Arten

— Endbulbus undeutlich, der Drüsenteil überlappt den Darmbeginn; Schwanz des Weibchens zylindrisch, ohne Spitzchen
Gttg. *Belonolaimus* Steiner, 1942
Bursa nicht geflügelt; 1 Art

14. (6) Das basale Ende des Ösophagus ist lappig und erstreckt sich über das Vorderende des Darmes (X/4 u. 5) 29

— Der Basalteil des Ösophagus bildet einen Endbulbus; Darmanfang deutlich zu erkennen (IX/1) 15

15. Kopf mit Borsten 16

— Kopf ohne Borsten 17

16. Cuticula quer- und längsgestreift
Gttg. *Atylenchus* Cobb, 1913
Cuticula mit tiefen Quer- und 10 Längsstreifen; Lippen undeutlich; 4 Kopfborsten; Schwanz lang, fadenförmig (X/8a), bis zur Spitze geringelt; ohne Bursa; Spicula kurz, plump, gebogen; mit Gubernaculum; selten; 1 Art

— Cuticula ohne Längsstreifen
Gttg. *Eutylenchus* Cobb, 1913
6 deutlich abgesetzte Lippen; 4 Kopfborsten; Bursa trapezförmig; Spicula tylenchoid (VIII/13); ohne Gubernaculum; nur Männchen bekannt; 1 Art

17. (15) Körper sehr schlank, a = 150
Gttg. *Ecphyadophora* de Man, 1921
Ohne Lippen; Spicula lang, kaum gebogen; Bursa lappig, hinten nicht mit dem Schwanze verwachsen; nur Männchen bekannt; 1 Art

— Körper nicht sehr schlank, a um 40 und weniger 18

18. Schwanz abgerundet; Schwanzcuticula stark verdickt (X/7); Weibchen mit unpaarer Gonade
Gttg. *Trophurus* Loof, 1956
Lippenregion konisch, nicht abgesetzt, ohne Ringe, leicht sklerotisiert; Stachel schlank mit kleinen Knöpfen; Entfernung Mittelbulbus—Endbulbus sehr viel kürzer als Stachelbasis—Mittelbulbus; Vulva etwas hinter der Körpermitte; hinterer Uterusast sehr kurz; selten; 3 Arten

— Schwanzcuticula nicht stark verdickt; Weibchen mit paariger oder unpaarer Gonade 19

19. Stachel an der Basis Y-förmig auseinanderweichend 20

— Stachelbasis nicht gespalten 21

20. Weibliche Gonade paarig
Gttg. *Trichotylenchus* Whitehead, 1959
Schwanz lang, in einen runden Terminus auslaufend; Kopf mit 4 Lippen, die 4 und mehr Querstreifen besitzen; Stachel relativ lang; (die Gttg. steht *Belonolaimus* sehr nahe); 1 Art

— Weibliche Gonade unpaar

Gttg. *Chitinotylenchus* Micoletzki, 1922

Der Gttg. *Tylenchus* sehr ähnlich; Lippenregion geringelt; Männchen unbekannt; selten; 2 Arten

21. (19) Weibchen mit unpaarer Gonade 22

— Weibchen mit paariger Gonade 27

22. Weibchen plump, fast unbeweglich; Gonade mit Nährstrang (Rhachis); in Gallen an oberirdischen Pflanzenteilen 23

— Weibchen schlank und beweglich; Gonade ohne Rhachis 24

23. Lippen mit sklerotisierten Versteifungen; Cuticula längs- und quergestreift; 4 Nackendrüsen

Gttg. *Paranguina* Kirjanova, 1955

Seitenfelder glatt; 6 Lippen mit je 1 Skelettelement; Nackendrüsen seitlich hinter dem Mittelbulbus; weibliche Gonade vorn schleifenförmig umgeschlagen; 1 Art

— Lippen ohne Versteifungen; Cuticula nur quergestreift; 3 Nackendrüsen

Gttg. *Anguina* Scopoli, 1777

Seitenfelder mit 4 oder mehr Linien; Nackendrüsen einen deutlichen Endbulbus bildend; weibliche Gonade vorn umgeschlagen; Spicula am Ende verschmolzen; Bursa erreicht meist die Schwanzspitze; 13 Arten

(vgl. auch die Gttg. *Nothanguina*)

24. (22) Schwanz stark verlängert, fadenförmig (X/8a); Bursa kurz 25

— Schwanz nicht stark verlängert, nie fadenförmig; Bursa 1/4 bis den ganzen Schwanz umfassend 26

25. Mündung des Nackendrüsenganges mehr als ½ der Stachellänge von der Stachelbasis entfernt

Gttg. *Basiria* Siddiqui, 1959

Lippenregion glatt; Entfernung Vorderende—Mittelbulbus größer als Mittelbulbus—Darmbeginn; mehr als 1 Ei im Uterus; 1 Art

— Mündung des Nackendrüsenganges weniger als ½ der Stachellänge hinter der Stachelbasis gelegen

Gttg. *Tylenchus* Bastian, 1865

Kopf meist abgesetzt, ohne Lippenstützen, Seitenfelder mit 2 Linien; Entfernung Vorderende—Mittelbulbus kürzer als Mittelbulbus-Darmbeginn; hinterer Uterusast kürzer als Körperdurchmesser; stets nur 1 Ei im Uterus; Bursa nur um den Anus, oft undeutlich; 28 Arten

(vgl. auch Gttg. *Psilenchus*, in der auch Arten mit unpaarer Gonade auftreten).

26. (24) Schwanz konisch, in einen mehr oder weniger spitzen Terminus auslaufend (X/8b); Bursa die Schwanzspitze nicht erreichend

Gttg. *Ditylenchus* Filipjev, 1934
Lippenregion glatt, meist deutlich abgesetzt; Seitenfelder mit 4 oder 6 Linien; 32 Arten

— Schwanz lang, keulenförmig; Terminus abgerundet; Bursa die Schwanzspitze erreichend 18

27. (21) Schwanz dünner werdend
Gttg. *Psilenchus* de Man, 1921
Kopf ohne Skelett; Amphidien schlitzförmig, deutlich zu erkennen; Entfernung Vorderende—Mittelbulbus länger als Mittelbulbus—Darmbeginn (dadurch von *Tylenchus* zu unterscheiden, wenn weibliche Gonade unpaar; von *Basiria* sind diese Arten durch die Lage der Mündung der Nackendrüse zu trennen); Spicula mit einer Endkugel; 7 Arten

— Schwanz konisch oder abgestumpft und gerundet 28

28. Schwanz abgestumpft und gerundet (X/8c)
Gttg. *Tylenchorhynchus* Cobb, 1913
Lippen schwach bis stark sklerotisiert; Seitenfelder mit 4, 5 oder 6 Linien; Bursa die Schwanzspitze erreichend; 44 Arten

— Schwanz konisch mit scharfer Spitze oder wenigstens zugespitzt
Gttg. *Tetylenchus* Filipjev, 1936
Lippen nicht sklerotisiert; Entfernung Kopf—Mittelbulbus kürzer als Mittelbulbus—Darmbeginn; 6 Arten

29. (14) Lippendurchmesser 1/3 bis 1/5 der Stachellänge breit; Schwanz meist kürzer als 1 Analdurchmesser, selten etwa so lang 30

— Lippenregion 1/2 bis 3/5 der Stachellänge breit; Schwanz länger als 1, meist 2 Analdurchmesser 36

30. Weibchen mit unpaarer Gonade
Gttg. *Rotylenchoides* Whitehead, 1958
6 geringelte, nicht abgesetzte Lippen; kräftige Lippenstützen; Mittelbulbus eiförmig; Vulva weit hinten gelegen; Bursa den Schwanz einschließend; mit Gubernaculum; 1 Art

— Weibchen mit paariger Gonade 31
(wenn Stachel Y-förmig gespalten und Schwanz länger als 1 (meist 3—4) Analdurchmesser lang ist, s. Gttg. *Trichotylenchus* (unter 20))

31. Stachel relativ lang und schlank; Phasmidien von gewöhnlicher Form und schwer zu erkennen; Seitenfelder in der Nähe der Phasmidien nicht geringelt (X/2b) 32

— Stachel relativ kurz und stämmig; Phasmidien auffallend groß und schildchenförmig; Seitenfelder in der Nähe der Phasmidien geringelt (X/2b) 35

32. Mündung der dorsalen Nackendrüse ½ und mehr der Stachellänge hinter der Stachelbasis 33

— Mündung der dorsalen Nackendrüse nur ⅓ der Stachellänge hinter der Stachelbasis 34

33. Mündung der dorsalen Nackendrüse ½ und wenig mehr der Stachellänge hinter der Stachelbasis
Gttg. *Helicotylenchus* Steiner, 1945
Kopf schwach oder nicht abgesetzt; Gubernaculum ohne Fortsätze (Titillae); Bursa schwanzumfassend oder rudimentär; Seitenfelder glatt; 6 Arten

— Mündung der dorsalen Nackendrüse etwa 1 Stachellänge hinter der Stachelbasis
Gttg. *Spyrotylenchus* Lordello et Chesnik 1958
Lippen kugelig; Bursa rudimentär; Seitenfelder mit 4 Linien; Phasmidien in beiden Geschlechtern auf dem Schwanz; 1 Art

34. (32) Kopfringe durch Furchen in Feldchen eingeteilt; Lippen scharf abgesetzt (X/2a)
Gttg. *Rotylenchus* Filipjev, 1936
Schwanz abgerundet, halbkugelig oder etwas eingeschnitten (X/2b); Gubernaculum kräftig, mit Titillae; Bursa geringelt; 1 Art

— Kopfringelung normal, nicht gefeldert; Kopf nicht abgesetzt
Gttg. *Gottholdsteineria* Andrassy, 1958
Gubernaculum ohne Titillae, aber am Hinterende umgeschlagen; 4 Arten

35. (31) Alle Längslinien der Seitenfelder deutlich geringelt; Stachelknöpfe nach vorn stark zugespitzt (X/9)
Gttg. *Hoplolaimus* Daday, 1905
Kopf mit hinterem, kranzförmigem Saum (X/3a); Lippen kräftig sklerotisiert; Bursa geringelt; Gubernaculum mit Titillae und am Hinterende umgeschlagen; 4 Arten

— Nur die Außenlinien der Seitenfelder geringelt; Stachelknöpfe vorn abgerundet (X/9)
Gttg. *Scutellonema* Andrassy, 1958
Kopf ohne gefelderten Saum; Gubernaculum schwach entwickelt; ohne Titillae, mit Umschlag; 6 Arten

36. (29) Weibchen mit paariger Gonade 38

— Weibchen mit unpaarer Gonade 37

37. Der den Darmbeginn überragende Teil des Ösophagus ist relativ kurz und verläuft schräg zum Darm (X/4)
Gttg. *Pratylenchus* Filipjev, 1934
Übergang Ösophagus—Darm etwa 1 Körperbreite hinter dem Mittelbulbus gelegen, undeutlich; Lippen abgesetzt, geringelt, mit deutlichen Skleriten, relativ flach; Bursa den Schwanz einschließend; Stachelknöpfe rundlich; 14 Arten

— Der den Darm überlappende Teil des Ösophagus ist relativ lang und läuft etwa parallel zum Darm (X/5)

Gttg. *Hoplotylus* 'sJacob, 1959
Lippenregion hoch, konisch, geringelt; Stachelknöpfe mehr oval, vorn mit Zähnchen; Schwanz kegelförmig, spitz zulaufend; 1 Art

38. (36) Der den Darmbeginn überragende Teil des Ösophagus ist relativ kurz und verläuft schräg zum Darm (X/4)
Gttg. *Pratylenchoides* Winslow, 1958
Der Gttg. *Pratylenchus* sehr ähnlich, aber mit paariger weiblicher Gonade; 1 Art

— Der den Darmbeginn überragende Teil des Ösophagus ist relativ lang und verläuft parallel zum Darm (X/5)
Gttg. *Radopholus* Thorne, 1949
Phasmidien relativ deutlich, ziemlich weit hinten auf dem Schwanz gelegen; Bursa ¼ des Schwanzes einschließend; 7 Arten

39.(4) Körper der Weibchen plump und angeschwollen, nach der Bauchseite stark gekrümmt; in Gallen an oberirdischen Pflanzenteilen
Gttg. *Nothanguina* Whitehead, 1959
Der Gttg. *Anguina* sehr ähnlich, aber ohne Mittelbulbus; 1 Art

— Die Nematodenform der Weibchen ist deutlicher ausgeprägt; nicht in Gallen an oberirdischen Pflanzenteilen 40

40. Die Endanschwellung des Ösophagus trägt einen schmalen Fortsatz (X/6) 41

— Endbulbus ohne einen solchen Fortsatz oder kein Endbulbus ausgebildet 42

41. Stachelknöpfe symmetrisch (X/12)
Gttg. *Paurodontus* Thorne, 1941
Schwanz in beiden Geschlechtern mehr oder weniger spitz zulaufend; Bursa erreicht die Schwanzspitze nicht; 4 Arten

— Stachelknöpfe unsymmetrisch, die beiden submedianen viel größer als der dorsale (X/12)
Gttg. *Stictylus* Thorne, 1941
Schwanz abgestumpft; 6 Arten

42. (40) Kopfskelett 6-eckig; Ösophagus mit Endbulbus 43

— Kopfskelett 8-eckig; außer *Neotylenchus* ohne Endbulbus 45

43. Cuticula abnorm dick und tief gestreift
Gttg. *Thada* Thorne, 1941
Weibchen mit unpaarer Gonade; der reduzierte hintere Uterusast ist kürzer als der Körperdurchmesser; Bursa sehr dick; 2 Arten

— Cuticula nicht abnorm dick, nur fein gestreift 44

44. Stachel mit Knöpfen
Gttg. *Nothotylenchus* Thorne, 1941
Spicula und Gubernaculum tylenchoid (VIII/13); Bursa nur die Schwanzmitte erreichend; 4 Arten

— Stachelbasis mit länglichen, flachen Anhängen

Gttg. *Beleodorus* Thorne, 1941
Der hintere Uterusast ist kürzer als ½ des Körperdurchmessers; Klappen am Übergang vom Ösophagus zum Darm (Cardia) deutlich zu erkennen; 2 Arten

45. (42) Lippenregion stark modifiziert, verbreitert oder verschmälert, abgeflacht; Spicula mit rechtwinkligem Knick; ohne Gubernaculum
Gttg. *Iotonchium* Cobb, 1920
Ösophagus nur undeutlich zu erkennen; Ausführgang der Nackendrüsen nicht zu erkennen; Bursa dick und voluminös; Stachel der Männchen undeutlich oder fehlend; 6 Arten

— Lippenregion normal; Spicula nicht rechtwinklig geknickt; mit Gubernaculum 46

46. Ösophagus mit Endbulbus; Isthmus lang und deutlich (IX/3)
Gttg. *Neotylenchus* Steiner, 1931
Bursa bis zur Schwanzspitze reichend; Lumen des Ösophagus nicht erweitert, ohne teilweise verstärkte Wandung; 11 Arten

— Ohne Endbulbus; Isthmus sehr kurz, der Darm beginnt kurz hinter dem Nervenring 47

47. Ösophagus kontinuierlich in den Darm übergehend
Gttg. *Hexatylus* Goodey, 1926
Lumen des Ösophagus durch eine Erweiterung mit verdickten Wänden unterbrochen (aber kein Klappenapparat); die 3 Basalknöpfe des Stachels sind verdoppelt; Kopfaufsicht in 16 Felder gegliedert; 4 Arten

— Übergangsstelle zwischen Darm und Ösophagus von den Nackendrüsen verdeckt
Gttg. *Deladenus* Thorne, 1941
Vulva bei mehr als 90% der Körperlänge liegend; Gonade unpaar; hinterer Uterusast fehlt; Bursa fast den Schwanz erreichend; 4 Arten

48. (2) In Gallen an oberirdischen Pflanzenteilen 4

— Nicht in Gallen an oberirdischen Pflanzenteilen .... 49[1])

49. Weibchen mit unpaarer Gonade 50

— Weibchen mit paariger Gonade 55

50. Vulva am Schwanzende gelegen; Körper nicht bis zur Vulva, sondern nur im 2. und 3. Fünftel angeschwollen (VIII/5)
Gttg. *Nacobbus* Thorne et Allen, 1944
Männchen mit Bursa, spitzem Schwanz und Stachel; Entwicklungsgang ohne Cyste innerhalb der Wurzel; 3 Arten

— Weibchen anders gestaltet; Anschwellung wenigstens bis zur Vulva reichend 51

[1]) Von den unter den Schlüsselzahlen 49 bis 57 angeführten pflanzenparasitisch lebenden Gattungen wurden in Deutschland bisher lediglich *Heterodera* und *Meloidogyne* festgestellt.

51. Stachel criconemoid (VIII/11), 40 bis 110 μm lang
Gttg. *Cacopaurus* Thorne, 1943
Weibchen wurstförmig; Männchen mit angedeuteter Bursa, ohne Stachel; 4 Arten
— Stachel kürzer als 20 μm 52
52. Exkretionsporus weit hinter dem Darmbeginn, etwa in Körpermitte gelegen 54
— Exkretionsporus in normaler Lage in der Nähe des Nervenringes (vor dem Darmbeginn) 53
53. Weibchen spiralig aufgerollt, dicklich; Männchen mit spitzem Schwanz, ohne Bursa und Stachel
Gttg. *Trophonema* Raski, 1957
Süden der USA; 1 Art
— Weibchen rundlich, von unbestimmtem Umriß; Cuticula mit netzförmiger Zeichnung; Männchen ohne Bursa und Stachel
Gttg. *Sphaeronema* Raski et Sher, 1957
Süden der USA; 1 Art
54. (52) Exkretionsporus bei 35 bis 44% der Körperlänge; Männchen ohne Bursa und Stachel
Gttg. *Trophotylenchulus* Raski, 1957
An Citrus; 1 Art
— Exkretionsporus bei 50 und mehr Prozent der Körperlänge; Männchen ohne Bursa und Stachel
Gttg. *Tylenchulus* Cobb, 1913
An Citrus; 2 Arten
55. (49) Nur reife Weibchen in den Wurzeln; Larven, Männchen und junge Weibchen frei im Boden
Gttg. *Rotylenchulus* Linford et Oliveira, 1940
Männchen mit Bursa und Stachel; an Citrus; 1 Art
— Neben reifen Weibchen finden sich auch Larven und Männchen als Parasiten in der Wurzel 56
56. Weibchen bilden eine undurchsichtige, braune Dauercyste (VIII/4)
Gttg. *Heterodera* Schmidt, 1871
Die reifen Eier werden nicht abgelegt, sondern bleiben im abgestorbenen Weibchen; keine sichtbaren Gallen verursachend; Männchen mit Bursa, sehr kurzem, stumpfem Schwanz, sich in einer Cyste in der Wurzel entwickelnd; Larvenstachel 20 bis 29 μm lang; 21 Arten
— Weibchen bilden keine braune Dauercyste; die Cuticula wird nicht spröde, sondern bleibt immer geschmeidig und weißlich 57
57. Eine äußerlich sichtbare Galle bildend; Weibchen mit äußerlich anhaftender gelatinöser Masse, die die Eier enthält (Eiersack)
Gttg. *Meloidogyne* (Goeldi) Chitwood, 1949
Die Eier verbleiben nicht im Weibchen, dieses mit relativ langem

Hals; Männchen mit Bursa, kurzem, rundem Schwanz und Stachel; Larvenstachel etwa 10 μm lang; 10 Arten

— Keine sichtbare Galle bildend; Weibchen ohne Eiersack

Gttg. *Meloidodera* Chitwood, Hannon et Esser, 1956

Die reifen Eier verbleiben wie bei *Heterodera* im Weibchen, das jedoch nicht zur braunen Dauercyste wird und dessen Hals relativ kurz ist; Männchen unbekannt; 1 Art

58. (5) Nackendrüsen außerhalb des Ösophagus in der Leibeshöhle liegend, keinen Endbulbus bildend .... 59[1])

— Ösophagus einen deutlichen Endbulbus bildend .... 61[1])

59. Stachel 35 μm lang, ohne Andeutung von Knöpfen

Gttg. *Anomyctus* Allen, 1940

Kopf deutlich abgesetzt, vorn mit einem hervorstehenden, tellerförmigen, sklerotisierten Aufsatz; Männchen unbekannt; 1 Art

— Stachel kürzer, Knöpfe angedeutet oder deutlich 60

60. Schwanz kurz und plump (X/8c); mit Bursa

Gttg. *Aphelenchus* Bastian, 1865

Kopf kappenförmig, sklerotisiert; Hinterende des Ösophagus deutlich, aber keinen Bulbus bildend; hinterer Uterusast vorhanden; Männchen selten; Bursa durch 4 Papillen gestützt, den Schwanz einschließend; mit Gubernaculum; 4 Arten

— Schwanz länglich-konisch mit aufgesetztem Spitzchen (X/8e) oder fadenförmig

Gttg. *Aphelenchoides* Fischer, 1894

Das Hinterende des Ösophagus geht direkt in den Darm über; Männchen ohne Bursa und Gubernaculum; Spicula aphelenchoid (VIII/12); 77 Arten

61. (58) Schwanz abgerundet; Seitenfelder auf dem Schwanz verbreitert (X/10)

Gttg. *Metaphelenchus* Steiner, 1943

Ösophagus nicht durch eine Einschnürung vom Darm abgesetzt; 2 Arten

— Schwanz spitz oder mit Spitzchen; Seitenfelder auf dem Schwanz nicht verbreitert

Gttg. *Paraphelenchus* Micoletzki, 1922

Ösophagus durch eine Einschnürung vom Darm abgesetzt; Männchen mit Gubernaculum; Schwanzpapillen in verschiedener Lage und Anzahl; 3 Arten

---

1) Zeitweilig insektenparasitische Gattungen, deren Arten teils frei als Larven, teils als reife Tiere in Mulm oder in Fraßgängen holzbrütender Käfer gefunden werden, sind nicht berücksichtigt. Literatur bei WACHEK, 1955, und RÜHM, 1956: Parasitolog. Schriftenreihe H. 3 bzw. H. 6, VEB Gustav Fischer Verlag Jena.

62. (5)	Mit axialem Stachel (Odontostylett (IX/5) 63
—	Mit seitlich in der Mundhöhle befestigtem, stachelähnlichem Hohlzahn (XII/7) 115
63.	Hinterende des Ösophagus von einer muskulösen Scheide umgeben (XI/5) 77
—	Hinterende des Ösophagus ohne eine solche Scheide 64
64.	Ösophagus typisch dorylaimoid (IX/5), wenigstens im hinteren Drittel oder mehr verbreitert 84
—	Ösophagus lediglich mit einem birnenförmigen Endbulbus oder einer Verbreiterung, die weniger als ⅓ der Gesamtlänge einnimmt (XI/4) 65
65.	Stachel mit einem kappen- oder dachförmigen Aufsatz (VIII/9; XI/16) 66
—	Stachel ohne einen solchen Aufsatz 68
66.	Stachel fast symmetrisch; Stachelfortsatz gespalten oder abgeflacht (XI/1) Gttg. *Tylolaimophorus* de Man, 1880 Stachelführungsring deutlich und stark cuticularisiert; Mundöffnung von 6 Lippchen umstanden; Amphidien deutlich; elliptisch; mit Schwanzdarm; Präanalorgane aus 1 adanalem und 1 seitlichem Paar bestehend; 2 Arten
—	Stachel asymmetrisch, kompliziert gebaut 67
67.	Mit Schwanzdarm (XI/2) Gttg. *Triplonchium* Cobb, 1920 Körper ziemlich undurchsichtig; weibliche Gonade paarig; Präanalorgane reduziert; Stachel wie Abb. XI/16; 3 Arten
—	Ohne Schwanzdarm Gttg. *Diphtherophora* de Man, 1880 Stachel wie Abb. VIII/9; Cuticula oft faltig; weibliche Gonade paarig; Präanalorgane reduziert, das adanale Paar fehlt; 7 Arten
68. (65)	Stachelbasis (-fortsatz) gespalten oder geflügelt, oder mit Knöpfen, z. T. an Tylenchidae erinnernd 69
—	Stachelbasis nicht gespalten und ohne Flügel oder Knöpfe, oft mit stäbchenförmigem Fortsatz 71
69.	Stachelbasis nicht gespalten; Schwanz in beiden Geschlechtern zugespitzt Gttg. *Aulolaimoides* Micoletzky, 1914 Mundhöhle durch schwache Längsrippen versteift; Stachel geflügelt; in der zweiten Hälfte des Ösophagus findet sich neben dem nicht durch eine Einschnürung abgesetzten Endbulbus eine Erweiterung, die an einen unechten Mittelbulbus erinnert; vorderer weiblicher Gonadenast reduziert; 1 Art
—	Stachelbasis (-fortsatz) gespalten; Schwanz in beiden Geschlechtern abgerundet 70

70. Stachel mit einem dorsalen Versteifungsstück und drei kräftig geknöpften Fortsätzen (XI/18)
Gttg. *Tylencholaimellus* Cobb, 1915
Vorderer weiblicher Gonadenast stark reduziert oder fehlend; der Basalbulbus des Ösophagus ist durch eine deutliche Einschnürung abgesetzt; Präanalorgane ähnlich *Tylolaimophorus*; 9 Arten

— Ein dorsales Versteifungsstück des Stachels fehlt, dieser ist relativ kurz und trägt 3 Fortsätze, die flügelförmig ausgebildet sind oder flache Knöpfe tragen (XI/17)
Gttg. *Doryllium* Cobb, 1920
Bei den Weibchen nur der hintere Gonadenast erhalten; Präanalorgane wie bei *Tylolaimophorus*; Endbulbus des Ösophagus durch eine deutliche Einschnürung vom Vorderteil abgesetzt; 3 Arten

71. (68) Stachelfortsatz undeutlich
Gttg. *Proleptonchus* Lordello, 1955
Der Gttg. *Leptonchus* sehr ähnlich, doch mit unpaarer weiblicher Gonade und kräftigem Stachelführungsring, hinterer weiblicher Gonadenast sehr kurz; 1 Art

— Stachelfortsatz deutlich zu erkennen 72

72. Stachelfortsatz angenähert gerade verlaufend 73

— Stachelfortsatz bogenförmig ausgebildet 75

73. Mit 6 Lippchen um die Mundöffnung (vgl. *Tylolaimophorus*) (XI/1); Lumen des Ösophagus deutlich zweigeteilt (XI/4)
Gttg. *Tyleptus* Thorne, 1939
Vorderer Gonadenast der Weibchen reduziert; Stachelführungsring einfach (XI/12); Männchen unbekannt; 1 Art

— Ohne solche Lippchen; Bulbuslumen nicht unterteilt 74

74. Stachelfortsatz gleichmäßig cuticularisiert und glatt
Gttg. *Utahnema* Thorne, 1939
Stachel etwa so lang wie die Kopfbreite; Endbulbus des Ösophagus elliptisch; Cardia kurz, rundlich; weibliche Gonade paarig; Männchen unbekannt; 1 Art

— Stachelfortsatz ungleichmäßig cuticularisiert, schwach wellig verlaufend (XI/14)
Gttg. *Miranema* Thorne, 1939
Ösophagusbulbus länglich; Cardia etwa so lang wie eine Körperbreite; weibliche Gonade paarig; Präanalorgane in einer ventralen Reihe stehend, ein adanales Paar vorhanden; 1 Art

75. (72) Stachel vorn zugespitzt, nach der Mitte weichen seine einzelnen Teile deutlich auseinander (XI/7)
Gttg. *Trichodorus*, Cobb 1913
Amphidien deutlich elliptisch, Präanalorgane bis auf die adanalen vorhanden; manchmal mit Bursa; 14 Arten

— Stachel deutlich dorylaimoid (gänsekielähnlich) (VIII/6) 76
76. Stachelfortsatz in einem gleichmäßigen Bogen verlaufend; (XI/11); Stachel etwa doppelt so lang wie die Körperbreite am Lippenansatz
Gttg. *Leptonchus* Cobb, 1920
Mit deutlichem Stachelführungsring; Endbulbus des Ösophagus mit langgestrecktem Lumen und 3 großen Drüsenkernen; am Schwanzende mit deutlichen Poren; weibliche Gonade paarig; Präanalorgane dorylaimoid (XII/9); 5 Arten
— Stachelfortsatz von ungleicher Stärke und ungleichmäßig verlaufend; Stachel etwa so lang wie der Körperdurchmesser am Lippenansatz
Gttg. *Dorylaimoides* Thorne et Swanger, 1936
Lippenregion konisch, nicht abgesetzt; Vulvalippen nicht cuticularisiert, sondern muskulös; Präanalorgane im Bereich der Spicula beginnend; 10 Arten
77. (63) Amphidien sehr groß, die beiden mit ihnen verbundenen „Drüsen" auch bei geringer Vergrößerung deutlich zu erkennen; Lippen relativ breit 78
— Ohne solche deutlichen „Drüsen"; Lippen relativ schmal 79
78. Kopf durch seitliche, ohrenförmige Anhänge verbreitert
Gttg. *Ottolaimus* Kirjanova, 1951
Relativ kleine und schlanke Tiere mit großer Mundhöhle; 1 Art
— Kopf ohne solche seitlichen Anhänge
Gttg. *Opailaimus* Kirjanova, 1951
Ottolaimus bis auf die fehlenden Öhrchen sehr ähnlich; 1 Art
79. (77) Stachelöffnung sehr breit, über die Hälfte der Stachellänge einnehmend
Gttg. *Paraxonchium* Krall, 1959
Das Endteil des Ösophagus schließt nicht direkt an den Vorderdarm an, die verbindende Cardia ist jedoch nur kurz; Schwanz abgerundet; 1 Art
— Stachelöffnung weniger als die Hälfte der Stachellänge einnehmend 80
80. Schwanz in beiden Geschlechtern lang, fadenförmig 81
— Schwanz nicht fadenförmig oder spitz, stets abgerundet 82
81. Stachelführung korbförmig gestaltet; Cardia extrem verlängert (XI/6)
Gttg. *Swangeria* Thorne, 1939
Endteil des Ösophagus und Vorderdarm werden durch die Cardia isthmusähnlich verbunden; weibliche Gonade paarig; Männchen unbekannt; 1 Art
— Stachelführung ein einfacher Ring; Cardia kurz (XI/5)
Gttg. *Oxydirus* Thorne, 1939
Stachel etwa so lang wie die Lippenbreite; weibliche Gonade paarig oder unpaar; 2 Arten

82. (80) Stachel mit flügelförmigen Verbreiterungen (XI/15); Ösophagus hinter dem Stachel bulbusähnlich aufgetrieben

Gttg. *Dorylaimellus* Cobb, 1913

Amphidien deutlich; Stachel ohne Führungsring; mit 4 cuticularisierten Stäbchen um die Mundöffnung; weibliche Gonade paarig oder vorderer oder hinterer Ast reduziert; Spicula sehr breit; Präanalorgane aus 2 Paar ventralen und 1 adanalen Paar bestehend; 14 Arten

— Stachel ohne seitliche Anhänge; Ösophagus ohne die erwähnte Auftreibung 83

83. Der verbreiterte Teil des Ösophagus ist durch eine Einschnürung vom Vorderteil abgesetzt

Gttg. *Axonchium* Cobb, 1920

Amphidien deutlich; weibliche Gonade selten paarig, meist ist der vordere Ast reduziert; Cardia lang, weit in das Darmlumen hineinragend; 12 bis 30 ventrale Paare und 1 adanales Paar von Präanalorganen; 18 Arten

— Eine solche Einschnürung zwischen Vorder- und Hinterteil des Ösophagus fehlt

Gttg. *Belondira* Thorne, 1939

Körper zur Lippenregion deutlich verschmälert; vorderer weiblicher Gonadenast reduziert; 2 oder 3 weit voneinander entfernt liegende Paare und 1 adanales Paar von Präanalorganen; 4 Arten

84. (64) Mundhöhle stark cuticularisiert (XII/1 bis 6); neben dem axialen Stachel finden sich nicht selten Zähne oder Reihen von Zähnchen 85

— Mundhöhle nicht stark cuticularisiert 90

85. Neben dem Stachel finden sich noch 4 große Zähne in der Mundhöhle (XII/1)

Gttg. *Actinolaimus* Cobb, 1913

Stachel mit doppeltem Führungsring (XI/13); Lippen flach, mit undeutlichen Papillen; Schwanz der Weibchen spitz, der der Männchen abgerundet; Präanalorgane einzeln oder in Gruppen (XII/9 u. 10); 27 Arten

— Mit zahlreichen kleinen oder ohne Zähnchen 86

86. Mit regelmäßigen Querreihen von Zähnchen (XII/6)

Gttg. *Trachypleura* Thorne, 1939

Stachel lang, mit kurzer Öffnung; Lippen deutlich abgesetzt; Ösophagus in der Mitte leicht aufgetrieben; Schwanz in beiden Geschlechtern spitz zulaufend; 2 Arten

— Ohne Zähnchen, oder, wenn solche vorhanden sind, nie in regelmäßigen Querreihen 87

87. Cuticularisation auf eine flache, tellerförmige Platte vor dem Stachel beschränkt (XII/3)

Gttg. *Mylodiscus* Thorne, 1939
Lippenregion tellerförmig, abgesetzt; Ösophagus in der Mitte verschmälert; Männchen unbekannt; 1 Art

— Versteifungen tiefer in die Mundhöhle hineinragend, stäbchen- oder plattenförmig 88

88. Vorderteil der Mundhöhle mit mehreren Platten ausgekleidet (XII/4)
Gttg. *Antholaimus* Cobb, 1913
Lippen blumenblattähnlich gestaltet; Ösophagus kurz vor der Mitte verbreitert; 2 Arten

— Versteifungen nur aus Stäbchen bestehend 89

89. Die stäbchenförmigen Versteifungsstücke bilden einen Korb (XII/2)
Gttg. *Carcharolaimus* Thorne, 1939
Weibliche Gonade paarig; Schwanz abgerundet; Stachelführung einfach (XI/12); 6 Arten

— Mundhöhlenversteifung nicht korbförmig
Gttg. *Brasilaimus* Lordello, 1957
Schwanz spitz zulaufend; Stachelführung doppelt (XI/13); 1 Art

90. (84) Lippe aus einer Vorderlippe und deutlichen hinteren Lippenflügeln bestehend (XI/3) 91

— Lippen nicht zweigeteilt 92

91. Weibliche Gonade unpaar
Gttg. *Discomyctus* Thorne, 1939
(XI/3) Der verbreiterte Teil des Ösophagus nimmt etwa die Hälfte der Gesamtlänge ein; hinterer weiblicher Gonadenast reduziert; Schwanz fadenförmig verlängert; 2 Arten

— Weibliche Gonade paarig
Gttg. *Xiphinemella* Loos, 1950
Der verbreiterte Teil des Ösophagus nimmt etwa $1/3$ der Länge ein; Stachel lang und deutlich geflügelt; Präanalorgane zahlreich; 2 Arten

92. (90) Stachelfortsatz mit Knöpfen oder Flügeln 93

— Stachelfortsatz fehlend oder stabförmig und ohne besondere Anhänge 96

93. Stachelfortsatz kürzer als der doppelte Lippendurchmesser, schwache Knöpfe tragend
Gttg. *Tylencholaimus* de Man, 1876
Cuticula kräftig geringelt; Lippenregion kappenförmig; 3 und mehr Präanalorgane; 13 Arten

— Stachelfortsatz doppelt so lang wie der Lippendurchmesser, meist länger, geflügelt 94

94. Körper lang und schlank (a über 36); Stachelfortsatz lang (VIII/10)

Gttg. *Xiphinema* Cobb, 1913
Stachelführungsring nahe an der Stachelbasis; zahlreiche Präanalorgane; 24 Arten

— Körper kurz und plump (a bis 35); Stachelfortsatz relativ kurz 95

95. Mit 4 cuticularisierten Lippenstützen
Gttg. *Heterodorus* Altherr, 1952
Stachelführungsring einfach; Weibchen mit einer charakteristischen Ovarialstruktur; 1 Art

— Ohne solche Lippenstützen
Gttg. *Enchodelus* Thorne, 1939
Stachelführungsring doppelt; Stachel gerade, mit kleiner Öffnung; 7 und mehr nahe beieinanderstehende Präanalorgane; 17 Arten

96. (92) Stachelfortsatz stabförmig, auffallend und lang (XI/7—10) 97

— Stachelfortsatz fehlend oder nicht auffallend lang 99

97. Der gebogene Stachel bildet mit dem geraden Fortsatz die Form einer gestielten Sense (XI/10)
Gttg. *Drepanodorus* Altherr, 1954
Durch die Stachelform hinreichend charakterisierte seltene Gattung mit 1 Art

— Stachel nicht auffallend gebogen; Fortsatz etwa geradlinig zum Stachel verlaufend oder gebogen (XI/8 u. 9) 98

98. Körper kurz und plump (a zwischen 20 u. 30)
Gttg. *Longidorella* Thorne, 1939
Basalteil des Ösophagus durch ein Einschnürung deutlich abgesetzt; 5 Arten

— Körper lang und schlank (a um 50 und mehr)
Gttg. *Longidorus* Thorne, 1935
Stachelführungsring in der Nähe der Spitze gelegen (XI/8); 10 Arten

99. (96) Mit 4 cuticularisierten Lippenstützen
Gttg. *Pungentus* Thorne et Swanger, 1936
Stachelführungsring doppelt (XI/13); Stachelbasis von Muskeln bulbusähnlich umgeben; Spicula dorylaimoid (XII/8); ohne Gubernaculum; weibliche Gonade paarig oder unpaar; 13 Arten

— Ohne solche Lippenstützen 100

100. Lippen seitlich weit über den Körperumriß hinausragend
Gttg. *Discolaimus* Cobb, 1913
Der Ösophagus beginnt mit einer spindelförmigen Anschwellung Spicula breit, schwach gebogen; mit zahlreichen Präanalorganen; 7 Arten

— Lippen nicht auffallend verbreitert 101

101. Schwanz fadenförmig verlängert 102

— Schwanz nicht fadenförmig, abgerundet oder spitzkonisch 104

102. Weibliche Gonade unpaar
Gttg. *Thornenema* Andrassy, 1959
Kopfregion stark verschmälert; Vulva quer (XII/12); stets vor der Körpermitte; Stachelführungsring doppelt; Männchen unbekannt; 7 Arten

— Weibliche Gonade paarig ... 103

103. Spicula dorylaimoid (XII/8); ohne Gubernaculum
Gttg. *Prodorylaimus* Andrassy, 1959
Kopfregion relativ breit; Führungsring einfach; 13—27 Präanalorgane stehen dicht beisammen (XII/9); 4 Arten

— Spicula einfach; mit Gubernaculum
Gttg. *Amphidorylaimus* Andrassy, 1959
Stachelführungsring doppelt; mit 2 bis 5 getrennt stehenden Präanalorganen (XII/8); 2 Arten

104. (101) Weibliche Gonade unpaar ... 105

— Weibliche Gonade paarig ... 106

105. Vorderer Gonadenast reduziert
Gttg. *Eudorylaimus* Andrassy, 1959 pr. pt. vgl. unter 109

— Hinterer Gonadenast reduziert
Gttg. *Meylonema* Andrassy, 1959
Kleine Tiere; Kopf kappenförmig abgesetzt, mit 1 Papillenkreis; Stachel schwach; 1 Art

106. (104) Mundöffnung von einem Muskelring umgeben
Gttg. *Chrysonema* Thorne, 1929
Lippen im Kopfumriß liegend; Stachelführungsring doppelt; mit 4 deutlichen Lippenpapillen; Vulva senkrecht stehend; 3 Arten

— Ohne einen solchen Muskelring um die Mundöffnung ... 107

107. Auf der gesamten Körperlänge finden sich unter der Cuticula sogenannte „Poruskegel“ (XI/19)
Gttg. *Lordellonema* Andrassy, 1959
Hinterkörper mit kleinen, schuppenartigen Gebilden; Schwanz kurz, kegelförmig; 1 Art

— Ohne „Poruskegel“ ... 108

108. Vorderteil des Ösophagus dünn und muskelarm ... 109

— Vorderteil des Ösophagus kräftig entwickelt ... 110

109. Vulvalippen kräftig cuticularisiert (XII/12)
Gttg. *Eudorylaimus* Andrassy, 1959
Cuticula glatt; Kopf fast immer gut abgesetzt; Stachelring einfach; Vulva senkrecht; 3 bis 34 getrennt stehende Präanalorgane; Schwanz in beiden Geschlechtern gleichförmig, abgerundet oder spitz-konisch; 135 Arten

— Vulvalippen nicht cuticularisiert
Gttg. *Discolaimium* Thorne, 1939
Cuticula mit deutlichen Querstreifen; Lippen deutlich abgesetzt;

Stachelführungsring weit vorn gelegen; Spicula und Präanalorgane dorylaimoid; 6 Arten

110. (108) Männchen ohne oder mit nur 1 Präanalorgan 111

— Männchen mit mehr als 2 Präanalorganen 112

111. Spicula einfach, dolchförmig; Amphidien dorylaimoid

Gttg. *Thornia* Meyl, 1954

Führungsring doppelt; Lippen kaum abgesetzt; Vulva meist wenig cuticularisiert; Spicula wenig gebogen; ohne Gubernaculum oder (bei 2 Arten) mit Resten; 7 Arten

— Spicula dorylaimoid; Amphidien oval

Gttg. *Thorneella* Andrassy, 1959

Ohne Gubernaculum, aber mit seitlichem accessorischen Stück; Präanalorgane fehlen; 2 Arten

112. (110) Vulva schräg gestellt (XII/11)

Gttg. *Dorylaimus* s. str. Dujardin, 1845

Kopf schwach abgesetzt, Führungsring doppelt, relativ weit hinten stehend; Cuticula mit deutlichen Seitenporen; Schwanz der Weibchen spitz, der der Männchen abgerundet; Präanalorgane zahlreich, einander berührend (XII/9); 45 Arten

— Vulva senkrecht zur Körperoberfläche stehend (XII/12) 113

113. Vorderteil des Ösophagus sehr breit; vom Hinterteil nur durch eine flache Einschnürung absetzt

Gttg. *Labronema* Thorne, 1939

Lippen deutlich abgesetzt, relativ breit; Stachelöffnung etwa die Hälfte der Länge einnehmend; Führungsring doppelt; Spicula dorylaimoid; Schwanz in beiden Geschlechtern stumpf gerundet; Präanalorgane zahlreich, eng beieinander stehend; 10 Arten

— Vorderteil des Ösophagus nicht auffallend kräftig 114

114. Stachel mit Führungsring; Schwanz der Weibchen zugespitzt

Gttg. *Mesodorylaimus* Andrassy, 1959

Kleine Tiere (1—2 mm); Lippen relativ schwach entwickelt; weiblicher Schwanz spitz, der der Männchen kurz und breit abgerundet; Präanalorgane getrennt (XII/8); 39 Arten

— Stachel ohne Führungsring; Schwanz der Weibchen abgerundet

Gttg. *Aporcelaimus* Thorne et Swanger, 1936

Große Tiere (3—10 mm); Cuticula mit welligen Streifen; Lippen abgesetzt; der verbreiterte Teil des Ösophagus nimmt über die Hälfte der Länge ein; Spicula massiv, gebogen; Schwanz in beiden Geschlechtern konvex-konisch bis rund; 18 Arten

115. (62) Hinterende des Ösophagus von einer muskulösen Scheide umgeben (XI/5) 116

— Eine solche Muskelscheide fehlt 117

116. Weibliche Gonade paarig

Gttg. *Nygolaimellus* Loos, 1949
Ösophagus mit drei Anschwellungen; die 3 Cardiazellen sind deutlich zu erkennen; 1 Art

— Weibliche Gonade unpaar
Gttg. *Nygellus* Thorne, 1939
Vorderer Gonadenast reduziert; Schwanz keulenförmig; 1 Art

117. (115) Basalteil des Ösophagus nicht deutlich abgesetzt 118

— Ösophagus mit deutlich abgesetztem Basalteil 120

118. Weibchen mit paariger Gonade
Gttg. *Bathyodontus* Fielding, 1950
Syn. ist *Mirolaimus* Andrassy, 1956; Mundhöhle ein langes Rohr (rhabditisartig); der Stachel ist mit der Mundhöhle verwachsen; Schwanz rund, mit deutlichem Terminalporus; 2 Arten

— Weibchen mit unpaarer Gonade 119

119. Mit 6 Lippen
Gttg. *Oionchus* Cobb, 1913
Hinterer Gonadenast reduziert, sein Rest ist kürzer als der Körperdurchmesser; Schwanz rund, mit Terminalporus; 1 Art

— Mit 3 Lippen, die zangenartig beweglich sind
Gttg. *Enoplocheilus* Kreis, 1932
Nur durch Lippenzahl und -form von *Oionchus* verschieden; 1 Art

120. (117) Basalteil des Ösophagus $\frac{1}{3}$ und mehr der Länge einnehmend 121

— Basalteil mehr bulbusförmig, etwa $^1/_6$ der Länge einnehmend
Gttg. *Campydora* Cobb, 1920
Vorderer weiblicher Gonadenast reduziert; Schwanz konisch verlängert; etwa in der Mitte zwischen Terminus und Anus mündet ein Porus; 2 Arten

121. Hohlzahn am ventralen Teil der Mundhöhle befestigt; Tiere sehr groß (L um 10 mm)
Gttg. *Sectonema* Thorne, 1930
Weibliche Gonade paarig; Stachel mit seitlicher Einkerbung; 1 Art

— Hohlzahn an der medianen Wand der Mundhöhle befestigt (XII/7); Tiere kleiner als 10 mm
Gttg. *Nygolaimus* Cobb, 1913
Der verbreiterte Teil des Ösophagus nimmt $\frac{1}{2}$ und mehr der Länge ein; drei Cardiazellen deutlich zu erkennen; weibliche Gonade paarig; Mundhöhle oft in drei Abschnitte unterteilt; 29 Arten

II. Übersicht über die Untergattungen der Gattung *Bunonema*

(s. Tafel XIII)

U-Gttg. *Bunonema* Jägerskjöld, 1905
(XIII/1) Cuticula rechts in der Halsregion mit deutlichem „Kragen"; rechte Seite mit feinem oder grobem Netzmaschenmuster; Warzenpaare vorhanden oder feh-

lend, median verlaufende, gestrichelte schmale Membranen, Kopf sehr groß, Männchen unbekannt; in Moosen und Detritus; 7 Arten

U-Gttg. *Rhodolaimus* Fuchs, 1930
(XIII/2) Kein Kragen vorhanden, Kopf klein, Cuticula rechts mit 2 zwischenraumlosen Warzenreihen, diese in der Ösophagusregion unterbrochen mit flossenartigen Bildungen; linke Seite mit 5 Kriechleisten, beide Geschlechter gleich häufig; Männchen nur bei 1 Art mit asymmetrischer Bursa; in Mist und in Gängen von Borken- und Rüsselkäfern; 5 Arten

U-Gttg. *Stammeria* Sachs, 1949
(XIII/3) Cuticula mit einer unpaaren, rechts gelegenen Warzenreihe; 15—29 Warzen von bedeutender Höhe, bei 1 Art tritt über der Körpermitte Spaltung der unpaaren Reihe in 2 Reihen auf, deren Warzen gegeneinander auf Lücke stehen; linke Seite mit 5 Kriechleisten, Männchen häufig, mit asymmetrischer Bursa; in Kuh- und Pferdemist; 3 Arten

U-Gttg. *Aspidonema* Sachs, 1949
(XIII/4) Cuticula rechts mit 21—59 Paaren stark cuticularisierter Warzen und dazwischen liegenden cuticularisierten Schilden von wechselnder Form; Submedianmembranen breit, linke Seite mit 5 Kriechleisten, Männchen selten, Bursa asymmetrisch; in Kuh- und Pferdemist, auch in faulender Pflanzensubstanz; 4 Arten

U-Gttg. *Craspedonema* Richters, 1908
(XIII/5) Keine Warzenpaare vorhanden; Cuticula auf der rechten Seite mit Querwülsten oder sattelförmigem Wulst; Submedianmembranen breit; linke Seite mit 5 Kriechleisten, männliche Bursa asymmetrisch; in Mist von Rindern und Pferden; 3 Arten (2 davon ungenügend bekannt)

U-Gttg. *Serronema* Paesler 1957
(XIII/6) Rechte Seite mit einer, wie die Zähne einer Säge angeordneten Reihe von 45—51 Zapfen, von denen $1/3$ nach vorn und $2/3$ nach hinten zu gerichtet sind; linke Seite mit 5 Kriechleisten, Männchen mit asymmetrischer Bursa; in mit Sägemehl vermischtem Mist; 1 Art

III. Übersicht über die Familie *Diplogasteridae* Steiner, 1919, und die Untergattungen und Formengruppen der Gattung *Diplogaster*

Familie ***Diplogasteridae*** Steiner, 1919

U-Fam. ***Cylindrocorporinae*** Goodey, 1939
- Gttg. *Cylindrocorpus* Goodey, 1939
  (Syn. *Cylindrogaster* Goodey, 1927)
- Gttg. *Goodeyus* Chitwood, 1933
- Gttg. *Myctolaimus* Cobb, 1920
  (zweifelhafte Gattung)

U-Fam. ***Diplogasteroidinae*** Filipjev-Schurmans-Stekhoven, 1941
Gttg. *Diplogasteroides* de Man, 1912
U-Gttg. *Diplogasteroides* Rühm, 1956
U-Gttg. *Rhabdontolaimus* Fuchs, 1931
U-Gttg. *Neodiplogasteroides* Rühm, 1956
(Die frühere Gttg. *Rhabditolaimus* besteht nicht mehr. Sie geht in den 3 Untergattungen auf.)
U-Fam. ***Diplogasterinae*** Micoletzky, 1922
Gttg. *Diplogaster* M. Schultze, 1857
U-Gttg. *Diplogaster* Paramanow, 1952
(*Diplogaster* Weingärtner, 1955)
U-Gttg. *Eudiplogaster* Paramanow 1952
(*Eudiplogaster* Weingärtner, 1955)
U-Gttg. *Diplogastrellus* Paramanow, 1952
(Syn. *Metadiplogaster* Weingärtner, 1955)
U-Gttg. *Paroigolaimella* Paramanow, 1952
(Syn. *Paradiplogaster* Weingärtner, 1955)
U-Gttg. *Pristionchus* Kreis, 1932
(Syn. *Paradiplogaster* Weingärtner, 1955)
(Syn. *Mesodiplogaster* Weingärtner, 1955)
U-Gttg. *Micoletzkya*, Weingärtner, 1955
(Syn. Gttg. *Fuchsia* Micoletzky, 1922)
Gttg. *Neodiplogaster* Cobb, 1924

Zur Familie ***Diplogasteridae*** gehören ferner noch:
U-Fam. ***Odontopharynginae*** de Man, 1912
(Ihre Existenz ist sehr zweifelhaft. Das von de Man beschriebene Tier ist wahrscheinlich synonym zu *Diplogaster monhysteroides* Bütschli.)
U-Fam. ***Tylopharynginae*** de Man, 1876, und die Gattungen
Gttg. *Demaniella* Steiner, 1914
Gttg. *Butlerius* Goodey, 1929
Gttg. *Goffartia* Hirschmann, 1953

Die 3 letztgenannten müßten m. E. zu Unterfamilien erhoben werden, da sie sich ihrer abweichenden Merkmale wegen in keiner der oben stehenden Unterfamilien einordnen lassen.

Gattung *Diplogaster*: Untergattungs-Schlüssel (verändert nach
(s. T. XIV) Untergattungs-Gruppen Weingärtner, 1955)

1. Ösophagus schlank; Dorsalübergangsstelle anders ausgestattet als die beiden subventralen, gleichgestalteten Übergangsstellen; Lippenstützring einheitlich oder fein gespalten oder mit seichten bis tiefen, schmalen oder breiten Kerben 2
— Ösophagus kurz, plump; Dorsalübergangsstelle anders ausgestattet als die beiden subventralen, verschieden ausgestatteten Übergangsstellen; Lippenstützring einheitlich oder mit tiefen Einschnitten 3

2. Dorsalübergangsstelle trägt bis 3 starre Leisten oder 1 großen beweglichen Zahn oder 1 breite flache Leiste
   a) Dorsalübergangsstelle mit 1 beweglichen Dornleiste, subventrale Übergangsstelle mit Zahn- oder Warzenplatten
      U-Gttg. *Paroigolaimella* Paramonow 1952
   b) Dorsalübergangsstelle mit 3 Leisten oder einem großen beweglichen Zahn; Lippenstützring einheitlich oder mit feinen Spalten
      U-Gttg. *Diplogaster* Paramonow, 1952
   c) Dorsalübergangsstelle mit 1 breiten, flachen Leiste, Lippenstützring einheitlich oder aus 6 Einzelcuticulabildungen bestehend
      U-Gttg. *Diplogastrellus* Paramonow, 1952
3. Mundhöhlenausbildung in 2 Formen
      U-Gttg. *Pristionchus* Kreis, 1929

— Mundhöhlenausbildung nur in 1 Form
   a) Dorsale und rechte subventrale Übergangsstelle mit großen Zähnen, die sich langsam bewegen, Lippenstützring mit breiten, nicht voneinander getrennten Platten; Männchen mit Bursa und stets 10 Papillenpaaren; Papille 1 u. 2 dicht beieinander; Gubernaculum proximal mit Haube
      U-Gttg. *Micoletzkya* Weingärtner, 1955
   b) Dorsalübergangsstelle und rechte subventrale Übergangsstelle mit deutlichen (Haken)zähnen, die sich rasch bewegen; Lippenstützring in einzelne Platten aufgelöst; Männchen mit 9 Papillenpaaren, von denen 2 u. 3 dicht beieinander stehen; Gubernaculum proximal mit Haube
      U-Gttg. *Eudiplogaster* Paramonow, 1952
   c) Übergangsstelle klein, dorsale größer als die subventrale mit beweglichem, hakenartig gekrümmtem, hohlen Dorsalzahn; rechts subventral 1 größerer, kompakter Zahn, links subventral ein sehr kleiner, unbeweglicher Zahn; Telostom verlängert, am Ende ventral und sublateral ein flügelartiges Gebilde im Ösophagusgewebe verankert; Vulva mittelständig, Gonaden paarig, Schwanz plump, keilspitz, Männchen mit mehr oder weniger gut entwickelter Bursa und 9 Papillenpaaren, davon 3 präanal
      Gttg. *Neodiplogaster* Cobb, 1924

Untergattungsgruppen (s. T. XIV)

U-Gttg. *Paroigolaimella*

Dipl.-erlangensis-Gruppe Lippenstützring einheitlich oder fein gespalten; 9 oder 10 Papillen am männlichen Schwanz; Bursarest vorhanden, Vulva mittelständig

Dipl.-coprophagus-Gruppe Lippenstützring mit seichten oder tiefen, schmalen oder breiten Kerben; Dorsalübergangsstelle mit einer beweglichen Dornleiste, subventrale Übergangsstelle mit Warzen- oder Raspelplatten; Bursarest vorhanden

U-Gttg. *Diplogaster*

Dipl.-schneideri-Gruppe Dorsalübergangsstelle mit 2 seitlichen Leisten, die Mittelleiste ist reduziert; einheitlicher Lippenstützring; Bursa vorhanden; die Papillen überragen das Bursavelum zum Teil

Dipl.-gracilis-Gruppe Dorsalübergangsstelle mit 3 Leisten von fast gleicher Größe; Lippenstützring einheitlich, Vulva hinterständig, nur der vordere Gonadenast ist ausgebildet; Zahl und Stellung der Bursapapillen nicht einheitlich, schmale Bursa vorhanden

Dipl.-nudicapitatus-Gruppe Dorsalübergangsstelle mit 3 Leisten, von denen die 2 seitlichen sehr klein sind oder mit 1 Zahn; Lippenstützring einheitlich oder fein gekerbt; Vulva mittelständig, hinterer Gonadenast schwächer ausgebildet; Männchen mit Bursarest u. 9 oder 10 Papillenpaaren, davon 3 im Bursarest

Dipl.-rivalis-Gruppe Dorsalübergangsstelle mit großem, stark cuticularisiertem Zahn; Lippenstützring fein gespalten, Vulva mittelständig, Bursa fehlt, größere Seitenpapillen borstenartig verlängert

U-Gttg. *Diplogastrellus*

Dipl.-inaequidens-Gruppe Lippenstützring einheitlich, Vulva hinterständig, hinterer Gonadenast reduziert, männlicher Schwanz mit 8 Papillenpaaren

U-Gttg. *Pristionchus*

Dipl.-lheritieri-Gruppe 1. Form *Stenostoma*: Lippenregion einheitlich, Dorsalübergangsstelle mit 1 starren Mittelleiste, subventral rechts eine glatte Platte; Vulva bei beiden Arten mittelständig, männlicher Schwanz mit schmalem Bursavelum und 9 Papillenpaaren

2. Form *Eurystoma*: Lippenstützring mit 12 Einschnitten, Dorsalübergangsstelle mit plumper, beweglicher Zahnkralle, subventral rechts ein starrer, plumper Pyramidenzahn, links eine deutliche gekerbte Platte; die gesamte Mundhöhlenauskleidung stärker cuticularisiert als bei Form *Stenostoma*

U-Gttg. *Eudiplogaster*

Dipl.-levidentus-Gruppe Dorsalübergangsstelle mit 1 großen, schwach cuticularisierten Zahn, subventrale Übergangsstelle glatt; Männchen mit 9 Papillen

Dipl.-striatus-Gruppe Dorsalübergangsstelle mit großem Krallenzahn; subventrale Übergangsstelle rechts mit Pyramidenzahn, links mit Zahnplatte, Männchen mit 9 Papillen

Summary

A key for the determination of the genera of free-living and plant-parasitic nematodes is described which is thought to be useful for the practitioner and those who are less experienced. An introductory general part gives a survey of the morphology which is followed by indications to methods for the collection, isolation, fixation and storage as well as hints for the making of permanent preparations. The dichotomous key includes the genera which are briefly characterized.

Резюме

Деатся ключ для определения родов нематод живущих свободно или паразитарно на растениях; этот ключ предназначен для практика и для менее опытного работника. Во вступителъной общей части деатся обзор морфологии указываются методы сбора и изоляции, фиксации и хранения затем следуют указаник по изготовлению стойких при хранении препаратов. Дихотомический ключ дает сведения до кратко характеризуемых родов.

LITERATURVERZEICHNIS

Aus der Fülle der systematisch-taxonomischen Literatur kann im folgenden nur eine kleine Auswahl angeführt werden. Das gleiche gilt für Arbeiten allgemeinen und methodischen Inhaltes. Jedoch findet man in den angeführten Werken und Beiträgen weitere Literaturhinweise. Zahlreiche Spezialbeiträge erscheinen in den Zeitschriften:

Journal of Helminthology (ab 1926)

Nematologica (ab 1956)

Proceedings of the Helminthological Society of Washington (ab 1933)

Die Arbeiten über landwirtschaftliche Nematologie und Bekämpfung der Nematoden referieren im deutschen Schrifttum u. a.:

Zeitschrift für Pflanzenkrankheiten (Pflanzenpathologie) und Pflanzenschutz (ab 1893)
Landwirtschaftliches Zentralblatt, Abt. Pflanzliche Produktion (ab 1956).

Einen Überblick über die Wirtspflanzen phytopathogener Nematoden vermitteln:

GOODEY, J. B., u. M. T. FRANKLIN (1956): The Nematode Parasites of Plants Cataloqued under their Hosts. Commonwealth Agricultural Bureaux, Farnham Royal, Bucks, England

und das von den gleichen Autoren unter Mitarbeit von D. J. HOOPER (1959) herausgebrachte Supplement für die Jahre 1955 bis 1958.

1. Allgemeine Nematologie und Methodik

BUHR, H. (1954): Untersuchungen über den Kartoffelnematoden. I. Die „Papierstreifenmethode“, ein vereinfachtes Verfahren zur Untersuchung von Bodenproben auf ihren Besatz mit Nematodencysten. Nachr.-Bl. Dt. Pflanzenschutzdienst (Berlin) N. F. **8**: 45—48

CHITWOOD, B. G., und M. B. CHITWOOD (1950): An Introduction to Nematology, Sect. I Anatomy. 213 S. Baltimore, Monumental Printing Company

FILIPJEV, I. N., und J. H. SCHUURMANS-STEKHOVEN jr. (1941): A Manual of Agricultural Helminthology. 878 S. Leiden, E. J. Brill

GOFFART, H. (1951): Nematoden der Kulturpflanzen Europas. 144 S., Berlin, Verl. Paul Parey

GOFFART, H. (1958): Methoden zur Bodenuntersuchung auf cystenbildende Nematoden. Nachr.-Bl. Dt. Pflanzenschutzdienst (Braunschweig) **10**: 49—53.

GOFFART, H. (1959): Methoden zur Bodenuntersuchung auf nichtcystenbildende Nematoden. Nachr.-Bl. Dt. Pflanzenschutzdienst (Braunschweig) **11**: 49—54.

GOODEY, J. B. (1957): Laboratory Methods for Work with Plant and Soil Nematodes. Ministry of Agriculture, Fisheries and Food, Techn. Bulletin No. 2. 47 S., London, Her Majesty's Stationery Office.

s'JACOB, J. J., und S. STEMERDING (1956): Een Handleiding voor Nematologie. Overdruk No. 120. 107 S., Wageningen, Plantenziektenkundige Dienst.

KÄSTNER, A. (1954/55): Lehrbuch der Speziellen Zoologie, Teil I Wirbellose, 1. Halbbd. Jena, VEB Verl. Gustav Fischer.

2. Systematik und Taxonomie

Neben den unten angeführten Veröffentlichungen finden sich auch systematisch-taxonomische Übersichten in den bereits zitierten Werken von CHITWOOD und CHITWOOD (1950), FILIPJEV und SCHUURMANS-STEKHOVEN (1941), GOFFART (1951) und s'JACOB und STEMERDING (1956).

ALLEN, M. W. (1957): A Review of the Nematode Genus *Trichodorus* with Descriptions of Ten New Species. Nematologica **2**: 32—62.

ANDRASSY, I. (1954): Revision der Gattung *Tylenchus* Bastian, 1865. Acta Zoologica Acad. Sc. Hungaricae **1**: 5—42.

ANDRASSY, I. (1958): *Hoplolaimus tylenchiformis* Daday, 1905 (syn. *H. coronatus* Cobb, 1923) und die Gattungen der Unterfamilien Hoplolaiminae Filipjev, 1936. Nematologica **3**: 44—56.

ANDRASSY, I. (1958): Über das System der Mononchiden (Mononchidae Chitwood, 1937: Nematoda). Ann. Historico-Naturales Musei Nationalis Hungarici **50** (S. N. **9**): 151—171.

ANDRASSY, I. (1959): Taxonomische Übersicht der Dorylaimen (Nematoda). I. Acta Zoologica Acad. Sc. Hungaricae **5**: 191—240.

ANDRASSY, I. (1960): Taxonomische Übersicht der Dorylaimen (Nematoda). II. Acta Zoologica Acad. Sc. Hungaricae **6**: 1—28.

FRANKLIN, M. T. (1949): The Cyst-Forming Species of *Heterodera*. 147 S., Farnham Royal, Bucks, England, Commonwealth Agricultural Bureaux.

GOODEY, T. (1951): Soil and Freshwater Nematodes. 390 S., London, Methuen u. Co. Ltd., und New York, John Wiley u. Sons, Inc.

HOPPER, B. E., und E. J. CAIRNS (1959): Taxonomic Keys to Plant, Soil and Aquatic Nematodes. 176 S., Auburn, Alabama, Alabama Polytechnic Institute.

LOOF, P. A. A. (1959): Miscellaneous Notes on the genus *Tylenchorhynchus* (Tylenchinae: Nematoda). Nematologica **4**: 294—306.

LUC, M. (1958): Xiphinema de l'Ouest Africain: Description de Cinq nouvelles espèces (Nematoda: Dorylaimidae). Nematologica **3**: 57—72.

OSCHE, G. (1952): Systematik und Phylogenie der Gattung *Rhabditis* (Nematoda). Zool. Jb., Abt. f. Syst. etc. **81**: 190—280.

SACHS, H. (1949): Revision der Bunonematinae (Anguillulidae, Nematodes). Zool. Jb., Abt. Syst. etc. **78**: 323—366.

SCHNEIDER, W. (1939): Freilebende und pflanzenparasitische Nematoden. In: DAHL: Die Tierwelt Deutschlands und der angrenzenden Meeresteile, Tl. 36. 260 S., Jena, Gustav Fischer Verl.

SHER, S. A., und M. W. ALLEN (1953): Revision of the genus *Pratylenchus* (Nematoda: Tylenchidae). Univ. California Publ. In: Zool. **57**: 441—470.

THORNE, G. (1937): A Revision of the Nematode Family Cephalobidae Chitwood and Chitwood, 1934. Proc. Helminth. Soc. Washington: **4**: 1—16.

THORNE, G. (1939): A Monograph of the Nematodes of the Superfamily Dorylaimoidea. Capita Zoologica **8**: 1—216.

THORNE, G. (1941): Some Nematodes of the Family Tylenchidae which do not posses a Valvular Median Esophageal Bulb. The Great Bansin Naturalist **2**: 37—85.

THORNE, G. (1949): On the Classification of the Tylenchida, new order (Nematoda, Phasmidia). Proc. Helminth. Soc. Washington **16**: 37—73.

THORNE, G., und H. SWANGER (1936): A Monograph of the Nematode Genera *Dorylaismus* Dujardin, *Aporcelaimus* n.g. and *Pungentus* n.g. Capita Zoologica **6**: 1—156.

WEINGÄRTNER, I. (1954/55): Versuch einer Neuordnung der Gattung *Diplogaster* Schultze, 1857 (Nematoda). Zool. Jb., Abt. f. Syst. etc. **83**: 248—317.

Verzeichnis der im Schlüssel berücksichtigten Gattungen und Untergattungen[1])

Achromadora (III/86) 38
Acrobeles (III/69) 31
Acrobeloides (III)/66 31
Actinolaimus (XII/1) 53
Adorus 16
Alaimus (I/1) 15
Amphidelus (I/2) 16
Amphidorylaimus 56
Anatonchus (I/25) 20
Anguillula s. *Panagrellus* 34
Anguina 43
Anomyctus 49
Anonchulus (IV/96) 36
Antholaimus (XII/4 54
Aphanolaimus (I/4) 16
Aphelenchoides (IX/4) 49
Aphelenchus 49
Aporcelaimus 57
**Aspidonema* (XIII/4) 59
Atylenchus 42
Aulolaimoides 50
Aulolaimus (II/43) 24
Axonchium 53

Basiria 43
Bastiania (I/3) 16
Bathyodontus 58
Bathyonchus (II/34) 22
Beleodorus 47
Belondira 53
Belonolaimus 42
Brachonchulus (I/27) 20
Brasilaimus (XII/5) 54
Brevibucca (I/11) 18
**Bunonema* (XIII/1) 15
Butlerius (I/15) 18

Cacopaurus 48
**Caenorhabditis* 29
Campydora 58
Carcharolaimus (XII/2) 54
Cephalobus (III/64; VII/a) 30
Cervidellus (III/68) 31
Chambersiella (III/73) 30
Cheilobus s. *Rhabditophanes* 32
Chiloplacus (III/67) 31
Chitinotylenchus 43
Choanolaimus (IV/101) 39
**Choriorhabditis* 29
Chromadora 39
Chromadorella (IV/92) 39
Chromadorita (IV/91) 38
Chronogaster (II/36) 21
Chrysonema 56
Cobbonchus (I/24) 19
Colpurella (II/52) 23
**Craspedonema* (XIII/5) 59
Criconemoides (VIII/3) 41
Criconema 40
Cryptonchus (II/59) 27
Cylindrocorpus (II/45) 25
Cylindrolaimus (II/44) 24

Deladenus 47
Demaniella (III/83) 32
Deontolaimus 23
Desmolaimus (I/14) 18
Dinthera (I/5) 17
Diphtherophora (VIII/9) 50
**Diplogaster* (IV/98; VII/c; XIV) 38
**Diplogasteroides* (III/61) 27
**Diplogastrellus* (XIV) 61
Diplolaimella (II/38) 22
Diploscapter (II/53) 25
Discolaimium 56
Discolaimus 55
Discomyctus (XI/3) 54
Ditylenchus 44

[1]) Die Untergattungen sind mit einem * versehen.

Dolichodorus 41
Domorganus (II/35) 21
Dorylaimellus (XI/15) 53
Dorylaimoides 52
Dorylaimus (IX/5) 54
Doryllium (XI/17) 51
Drepanodorus 55

Ecphyadophora 42
Enchodelus 54
Enoplocheilus 58
Ethmolaimus (III/90) 35
Eucephalobus (III/65) 30
**Eudiplogaster* (XIV) 61
Eudorylaimus 56
Eurystomina (I/29) 21
Euteratocephalus 35
Eutylenchus 42

Goffartia (II/33) 22
Goodeyus (II/46) 25
Gottholdsteineria 45
Granonchulus (I/20) 20
Greenia (II/55) 26
Gymnolaimus 27

Haliplectus (II/51) 25
Helicotylenchus 45
Hemicriconemoides (X/1) 41
Hemicycliophora 41
Heterodera (VIII/4) 48
Heterodorus 55
Hexatylus 47
Hoplolaimus (X/3; X/9) 45
Hoplotylus 46

Iotonchium 47
Ironus (II/54) 26
Jotonchus (I/22) 19
Judonchulus (I/21) 20

Labronema 57
Leptolaimus (II/47) 24
Leptonchus (XI/11) 52
Longidorella (XI/9) 55
Longidorus (XI/8) 55
Lordellonema (XI/19) 56

Macrolaimus (I/13) 18
Macroposthonia 41
Macrotrophurus 41
Meloidodera 49
Meloidogyne 48
Mesodorylaimus 57

**Mesorhabditis* 29
Metaphelenchus (X/10) 49
Meylonema 56
**Micoletzkya* (XIV) 61
Miconchus (I/23) 20
Microlaimus (II/41) 23
Miranema (XI/14) 51
Mirolaimus s. *Bathyodontus* 58
Monhystera (I/8) 17
Monhystrella (II/40) 23
Monochromadora (II/56) 26
Mononchulus (II/32) 23
Mononchus (I/17) 19
Mylodiscus (XII/3) 54
Mylonchulus (I/26) 20
Myolaimus (I/16) 20

Nacobbus (VIII/5) 47
Neocephalobus 33
Neodiplogaster (IV/99) 36
**Neodiplogasteroides* (III/63) 27
Neotylenchus (IX/3) 47
Nothanguina 46
Nothotylenchus 46
Nygellus 58
Nygolaimellus 58
Nygolaimus (XII/7) 58

Odontolaimus (II/57) 26
Odontopharynx (I/30) 21
Oionchus 58
Oncholaimus (I/28) 19
Onchulus (IV/95) 36
Opailaimus 52
Ottolaimus 52
Oxydirus (XI/5) 52

Panagrellus (III/78) 34
Panagrobelus (III/80) 34
Panagrodontus (III/79) 33
Panagrolaimus (III/74) 34
Paracyatholaimus (III/87) 37
Paradoxolaimus (IV/97) 37
Paranguina 43
Paraphanolaimus (II/37) 22
Paraphelenchus 49
Paraplectonema (II/58) 25
**Parasitorhabditis* 28
Paratylenchus (IX/2) 41
Paraxonchium 52
**Paroigolaimella* (XIV) 61
Paurodontus (X/6; X/12) 46
Placodira (III/70) 31
Plectonchus (III/76) 33

Plectus (II/49) 25
Pratylenchoides (X/4) 46
Pratylenchus (X/4) 45
Prionchulus (I/18) 20
Prismatolaimus (I/12) 18
**Pristionchus* (XIV) 61
Procephalobus (III/75) 33
Prochromadora (IV/94) 37
Prochromadorella (III/88) 37
Prodesmodora (III/85) 36
Prodorylaimus 56
Proleptonchus 51
**Protorhabditis* 29
Psilenchus 44
Pungentus 55
Punctodora (III/89) 37

Radopholus (X/5) 46
Rhabditella (II/60) 28
**Rhabditis* (II/60; VII/b) 28
Rhabditoides (II/42) 22
Rhabditophanes (III/84) 32
Rhabdolaimus (IV/100) 39
**Rhabdontolaimus* (III/62) 27
**Rhodolaimus* (XIII/2) 59
Rotylenchoides 44
Rotylenchulus 48
Rotylenchus (X/2) 45

Scutellonema (X/9) 45
Sectonema 58
**Serronema* (XIII/6) 59
Sphaerolaimus (II/31) 20
Sphaeronema 48
Sporonchulus (I/19) 20
Spyrotylenchus 45
**Stammeria* (XIII/3) 59
Stegellata (III/72) 32
Stictylus (X/12) 46
Swangeria (XI/6) 52

**Telorhabditis* 29
Teratocephalus (III/81) 35
**Teratorhabditis* 28
Tetylenchus 44
Thada 46
Theristus (I/9) 17
Thorneella 57
Thornenema 56
Thornia 57
Tobrilus (I/10) 17
Trachypleura (XII/6) 53
Tricephalobus (III/82) 32
Trichodorus (XI/7) 51
Trichotylenchus 42
Trilobus s. *Tobrilus* 17
Triplonchium (XI/16) 50
**Tripyla* (I/7) 16
**Trischistoma* (I/6) 16
Trophonema 48
Trophotylenchulus 48
Trophurus (X/7) 42
Turbatrix (III/77) 34
Tylencholaimellus (XI/18) 51
Tylencholaimus 54
Tylenchorhynchus 44
Tylenchulus 48
Tylenchus (IX/1) 43
Tyleptus (XI/4) 51
Tylolaimophorus (XI/1, 2) 50
Tylopharynx (IV/102) 39

Utahnema 51

Wilsonema (II/50) 24

Xiphinema (VIII/10) 55
Xiphinemella 54

Zeldia (III/71) 31

TAFELANHANG

TAFEL I

Kopfformen folgender Gattungen:

1. Gttg. *Alaimus*	16. Gttg. *Myolaimus*
2. „ *Amphidelus*	17. „ *Mononchus*
3. „ *Bastiania*	18. „ *Prionchulus*
4. „ *Aphanolaimus*	19. „ *Sporonchulus*
5. „ *Dintheria*	20. „ *Granonchulus*
6. „ *Tripyla* U-Gttg. *Trischistoma*	21. „ *Judonchulus*
7. „ „ *Tripyla*	22. „ *Jotonchus*
8. „ *Monhystera*	23. „ *Miconchus*
9. „ *Theristus*	24. „ *Cobbonchus*
10. „ *Trilobus*	25. „ *Anatonchus*
11. „ *Brevibucca*	26. „ *Mylonchulus*
12. „ *Prismatolaimus*	27. „ *Brachonchulus*
13. „ *Macrolaimus*	28. „ *Oncholaimus*
14. „ *Desmolaimus*	29. „ *Eurystomina*
15. „ *Butlerius*	30. „ *Odontopharynx*

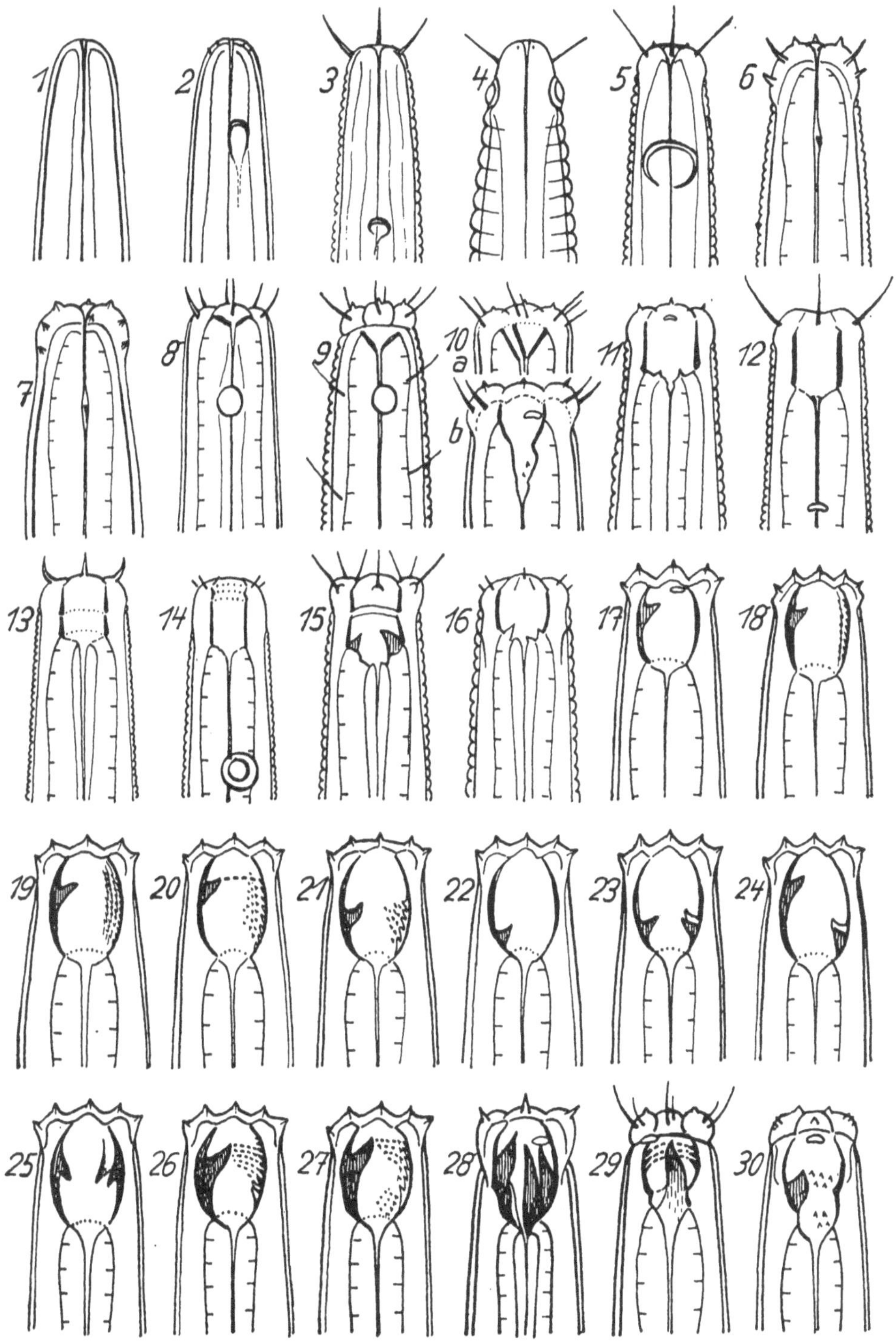
1
2
3
4
5
6
7
8
9
10
a
b
11
12
13
14
15
16
17
18
19
20
21
22
23
24
25
26
27
28
29
30

TAFEL II

31. Gttg. *Sphaerolaimus*
32. ,, *Mononchulus*
33. ,, *Goffartia*
34. ,, *Bathyonchus*
35. ,, *Domorganus*
36. ,, *Chronogaster*
37. ,, *Paraphanolaimus*
38. ,, *Diplolaimella*
39. ,, *Deontolaimus*
40. ,, *Monhystrella*
41. ,, *Microlaimus*
42. ,, *Rhabditoides*
43. ,, *Aulolaimus*
44. ,, *Cylindrolaimus*
45. ,, *Cylindrocorpus*
46. Gttg. *Goodeyus*
47. ,, *Leptolaimus*
48. ,, *Gymnolaimus*
49. ,, *Plectus*
50. ,, *Wilsonema*
51. ,, *Haliplectus*
52. ,, *Colpurella*
53. ,, *Diploscapter*
54. ,, *Ironus*
55. ,, *Greenia*
56. ,, *Monochromadora*
57. ,, *Odontolaimus*
58. ,, *Paraplectonema*
59. ,, *Cryptonchus*
60. ,, *Rhabditis*

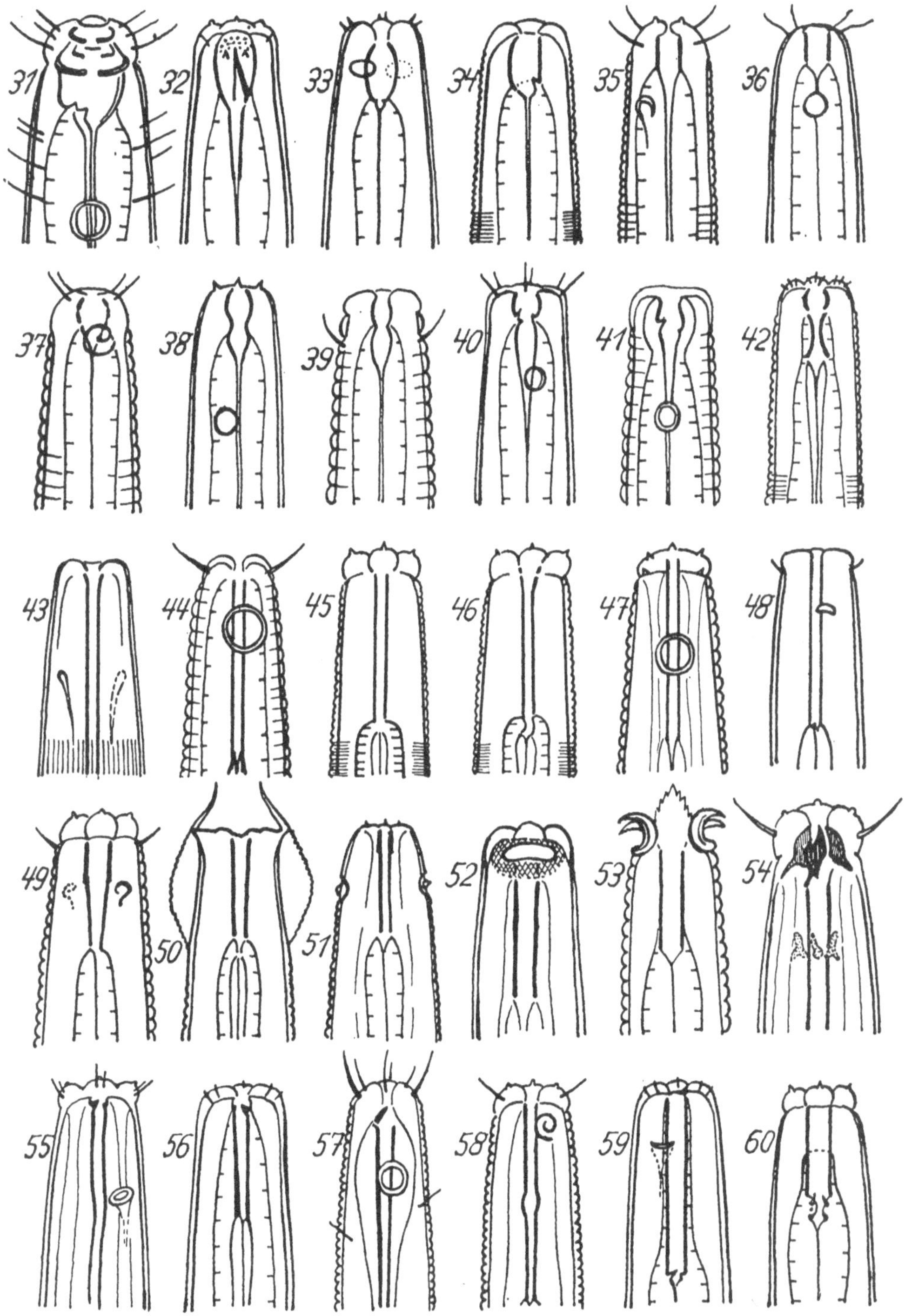
31
32
33
34
35
36
37
38
39
40
41
42
43
44
45
46
47
48
49
50
51
52
53
54
55
56
57
58
59
60

TAFEL III

61. U-Gttg. *Diplogasteroides*
62. ,, *Rhabdontolaimus*
63. ,, *Neodiplogasteroides*
64. Gttg. *Cephalobus*
65. ,, *Eucephalobus*
66. ,, *Acrobeloides*
67. ,, *Chiloplacus*
68. ,, *Cervidellus*
69. ,, *Acrobeles*
70. ,, *Placodira*
71. ,, *Zeldia*
72. ,, *Stegellata*
73. ,, *Chambersiella*
74. ,, *Panagrolaimus* (*Neocephalobus*)
75. ,, *Procephalobus*
76. Gttg. *Plectonchus*
77. ,, *Turbatrix*
78. ,, *Panagrellus*
79. ,, *Panagrodontus*
80. ,, *Panagrobelus*
81. ,, *Teratocephalus*
82. ,, *Tricephalobus*
83. ,, *Demaniella*
84. ,, *Cheilobus*
85. ,, *Prodesmodora*
86. ,, *Achromadora*
87. ,, *Paracyatholaimus*
88. ,, *Prochromadorella*
89. ,, *Punctodora*
90. ,, *Ethmolaimus*

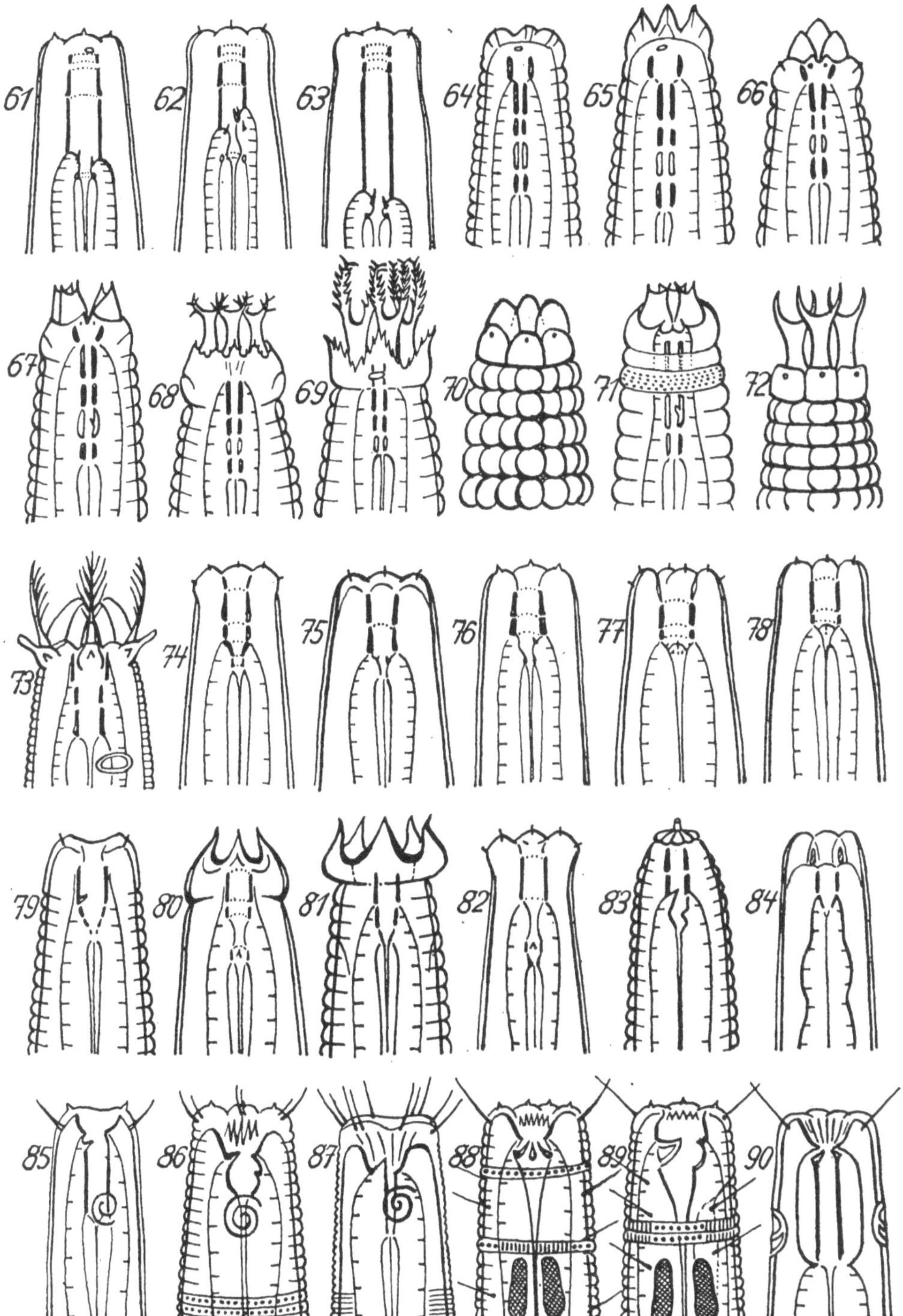
61
62
63
64
65
66
67
68
69
70
71
72
73
74
75
76
77
78
79
80
81
82
83
84
85
86
87
88
89
90

TAFEL IV

91. Gttg. *Chromadorita*
92. ,, *Chromadorella*
93. ,, *Chromadora*
94. ,, *Prochromadora*
95. ,, *Onchulus*
96. ,, *Anonchus*
97. Gttg. *Paradoxolaimus*
98. ,, *Diplogaster* s. a. T. XIV
99. ,, *Neodiplogaster*
100. ,, *Rhabdolaimus*
101. ,, *Choanolaimus*
102. ,, *Tylopharynx*

Lippenformen

1. Lippen nicht erkennbar, fehlend
2. u. 3. Lippen unauffällig, flach, geschlossen, mit Börstchen oder Papillen
4. u. 5. Lippen deutlich erkennbar, rund oder konisch vorgewölbt, geschlossen, mit Borsten oder Papillen
6. Lippen vom Körper abgesetzt, rund und geschlossen
7. Lippen wie ein Krönchen auf das Kopfende aufgesetzt, geschlossen
8. Lippen vom Körper abgesetzt, offen
9. u. 10. Lippenpartie vom Körper abgesetzt, tief ausgeschnitten, mit spitzen Zipfeln
11. Lippenzipfel abgerundet
12. 2 Lippen zu Labialzähnen umgebildet, die 2 anderen Lippen zur Lippenanhängen
13. Kopf mit ungeteilten Lippen- und Kopfanhängen (Probolae)
14. Lippen- und Kopfanhänge tief ausgeschnitten und bewimpert

Seitenorganformen

a und b	Seitenorgane schlitzförmig	f	Seitenorgane	rund, hinten offen
c	,, querooval	g	,,	hufeisenförmig
d	,, kreisrund	h	,,	versteckt, spiralig
e	,, doppelt konturiert	i	,,	spiralig

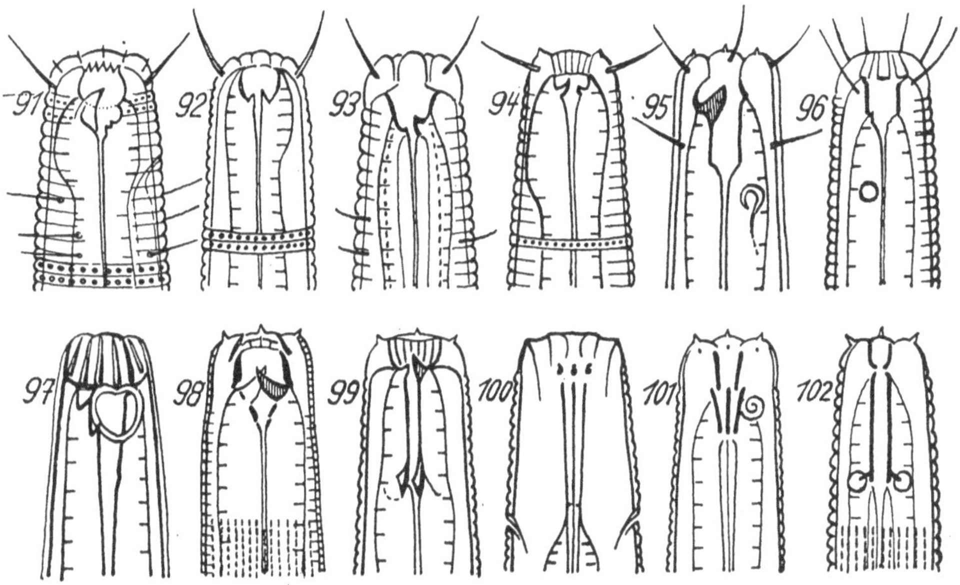

Lippenformen.

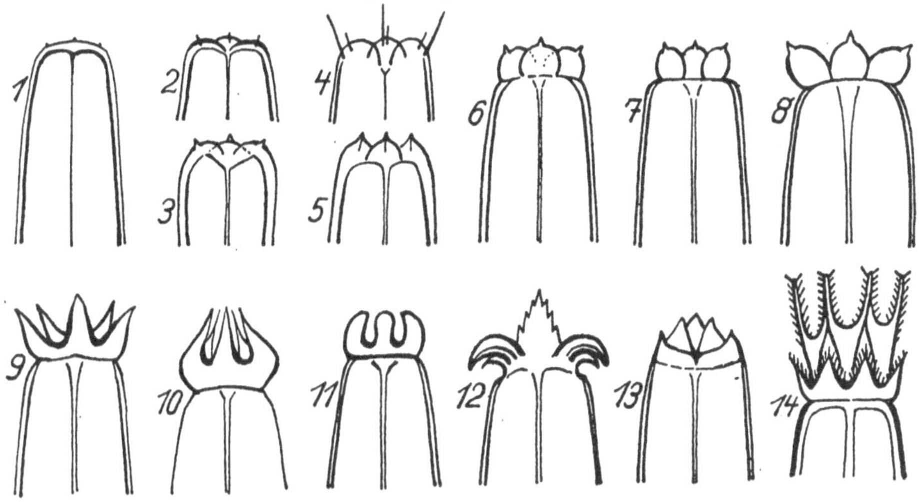

Seitenorganformen.

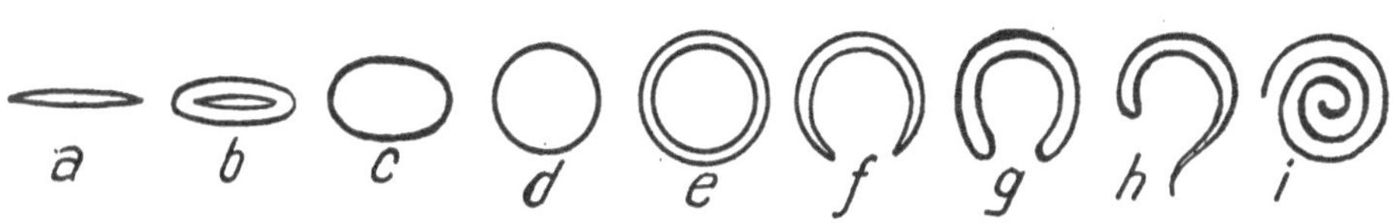

TAFEL V

a, b, c	Teile des Ösophagus
1—12	Ösophagusformen
1— 3	Ösophagus dorylaimoid, mitunter mit Endschwellungen, aber stets ohne echten Terminalbulbus
2	Ösophagus kurz, cylindrisch, ohne Endschwellung
4	Ösophagus chromadoroid, vorn cylindrisch, hinten mit echtem Terminalbulbus mit Kauplatten
5	Ösophagus plectoid, Procorpus schlank, Isthmus undeutlich; Terminalbulbus mit einfachem Klappenapparat
6	Ösophagus cephaloboid, Procorpus schlank, Isthmus deutlich; Terminalbulbus mit einfachem Klappenapparat
7	Ösophagus panagrolaimoid, Procorpus mit schwacher Schwellung; (bei Gattung *Tricephalobus* mit Mittelbulbus) Metacorpus mit Terminalbulbus und Klappenapparat mit 3 Gegenflügeln
8	Ösophagus anguilluloid, Procorpus cylindrisch, Isthmus deutlich, Metacorpus mit Terminalbulbus und Klappenapparat mit nur 1 ventral gelegenem Gegenflügel
9	Ösophagus rhabditoid, Procorpus mit Mittelbulbus, Metacorpus mit echtem Terminalbulbus mit einfachem Klappenapparat
10	Ösophagus rhabditoid, Procorpus aber mit 2—3 bulbusähnlichen Anschwellungen,
11	Ösophagus diplogasteroid, Procorpus mit kräftigem, muskulösem Mittelbulbus mit Kauplatten, Isthmus fehlend, Metacorpus ein drüsig-zelluläres Gewebe mit Scheinbulbus
12	Ösophagus diplogasteroid, Procorpus mit cylindrischem Mittelbulbus, Metacorpus mit Scheinbulbus

Ösophagusteile und Ösophagusformen.

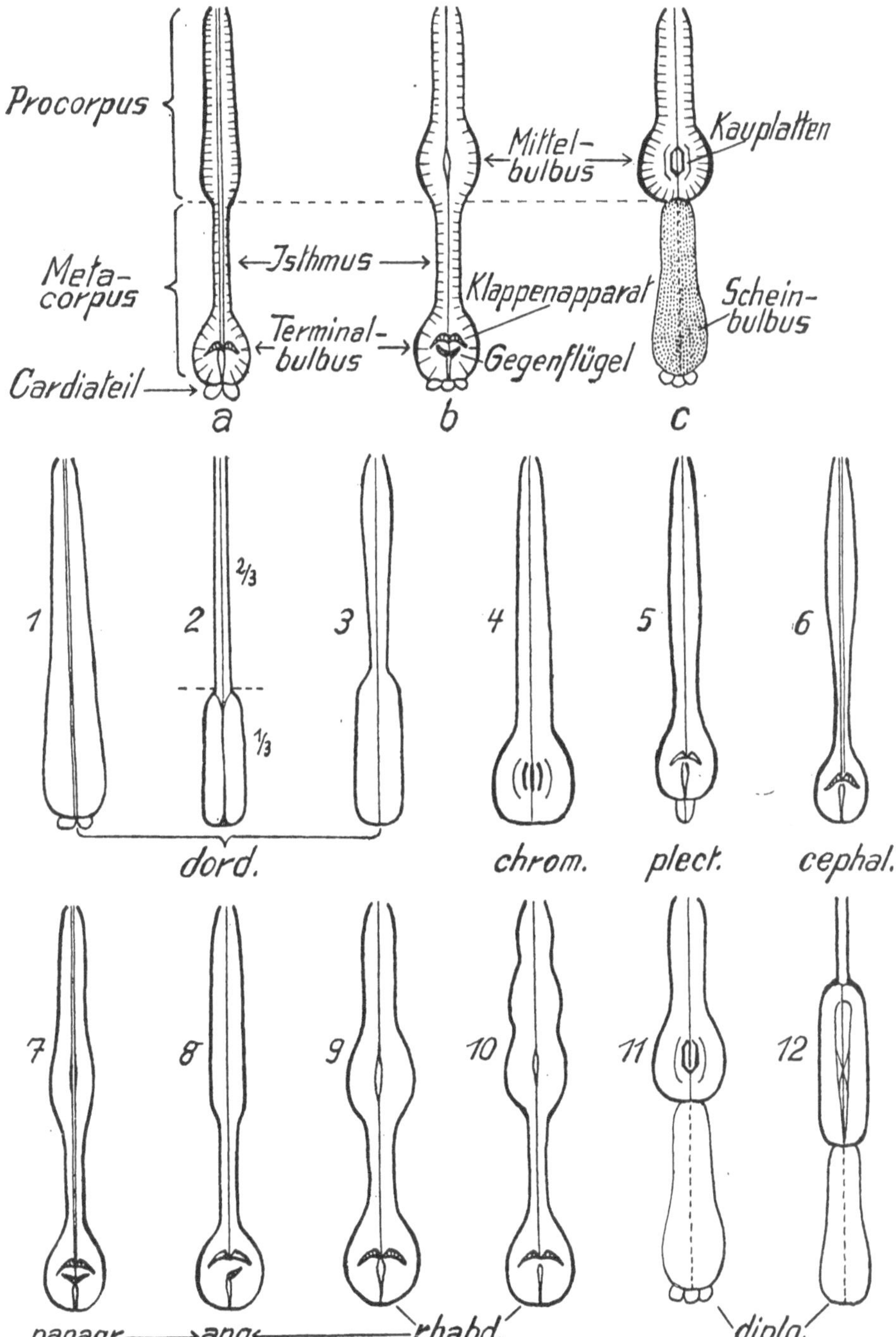

TAFEL VI

1—5 Männliche Schwanzenden mit verschiedenen Bursaformen und Bursaresten
1a, b Pelodere (schwanzumfassende) offene Bursa in Dorsal- und Seitenlage gesehen, mit 10 Bursalpapillenpaaren, davon 2 Paare präanal
2a, b Leptodere (nicht den ganzen Schwanz umfassende) offene Bursa in Dorsal- und Seitenlage gesehen, mit 9 Papillenpaaren, davon 3 Paare präanal; Ph = Phasmidien
3a, b Pelodere, geschlossene Bursa in Dorsal- und Seitenlage
4a, b Leptodere, stark reduzierte, radiär gegliederte Bursa mit 9 Papillenpaaren, von denen 3 Paare sublateral und 6 Paare subventral stehen. 1, 2, 3 stehen präanal.
5 Bursa auf einen kleinen Rest am Beginn des Schwanzes reduziert; der Bursarest erscheint durch die 4 Stützpapillen wie gerippt
6 Männlicher Schwanz ohne Bursa mit 7 Papillenpaaren
7 Schwanzende eines Weibchens mit 3 Schwanzdrüsen und am Ende gelegenem Ausführ- oder Endröhrchen
8 Männlicher Schwanz mit einer präanalen, ventral gelegenen einfachen Papillenreihe
9 Dasselbe mit röhrenförmigen Präanalorganen
10 Eine andere Form von Präanalorganen
11 u. 12 Männliche Spicula mit Gubernaculum, die Spicula stehen frei
13 Die Spicula sind am distalen Ende verwachsen
14 Vulvagegend eines Weibchens, Ovarien paarig angeordnet, ihre Enden umgeschlagen
15 Das Ovar ist unpaar, der vordere Ast nach vorn ausgestreckt, nicht umgeschlagen; kurzer hinterer Uterussack vorhanden
16 Das Ovar ist unpaar, doppelt bis hinter die Vulva umgeschlagen; an der vorderen Umbiegung ein Blindsack
17 Das Ovar ist unpaar, umgeschlagen; der Umschlag erreicht aber nicht die Vulva
18 Weibchen mit charakteristischer, weiter Vaginalkammer
19 Männliches Schwanzende mit Analtuberkeln in der Umgebung des Afters

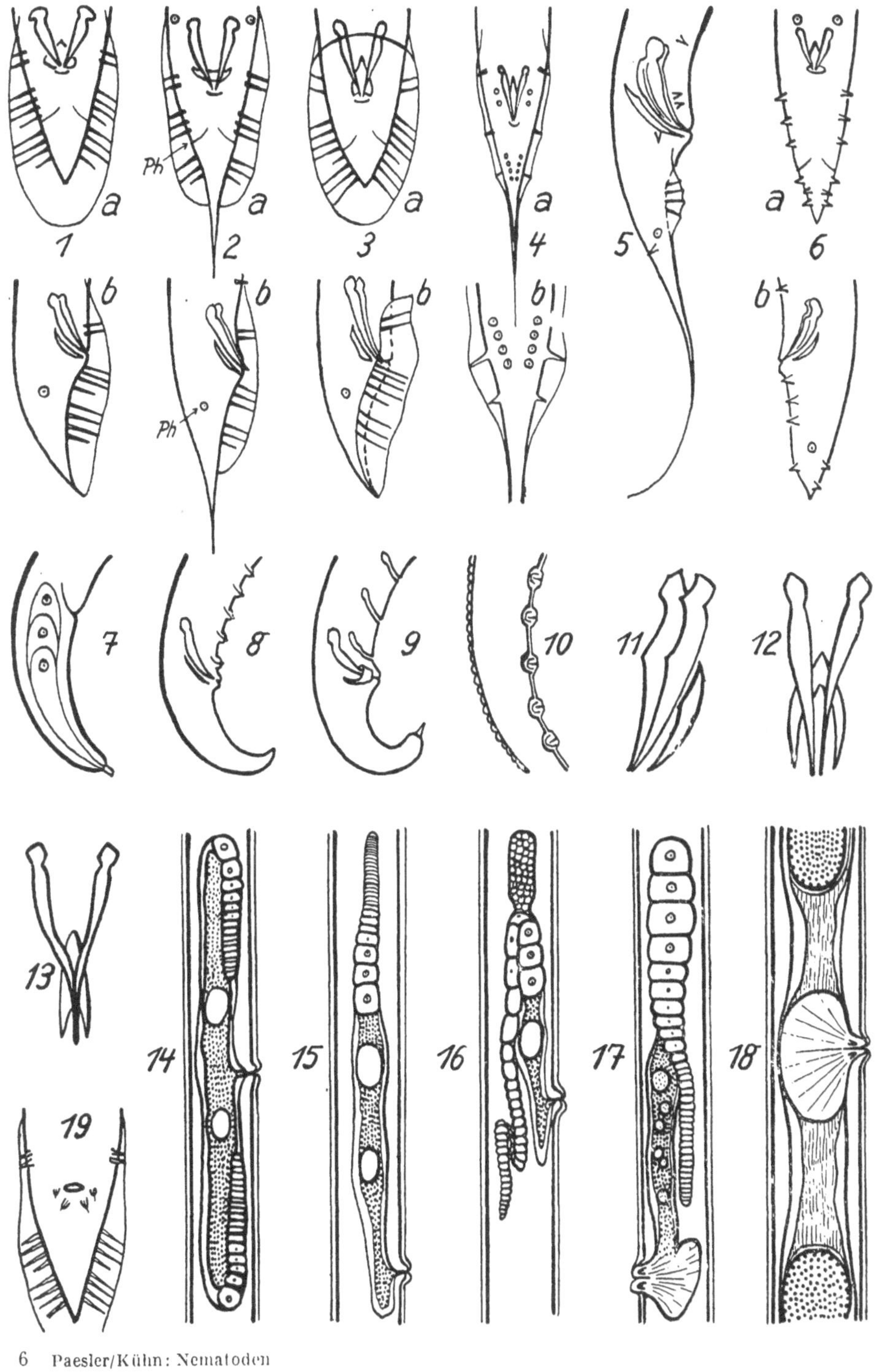
1 a
b
2 a
b
Ph
3 a
b
4 a
b
5
6 a
b
7
8
9
10
11
12
13
14
15
16
17
18
19

TAFEL VII

Die Abbildungen sollen der Veranschaulichung der Fachausdrücke dienen, die bei der Bestimmung von Gattungen, Untergattungen, Formengruppen und Arten in Gebrauch sind.

a = *Cephalobus*
b = *Rhabditis*
c = *Diplogaster*

L St = Lippenstützring
ÖM = Ösophagusmanschette
ÖC = Ösophaguscylinder
SV = subventral

Abwandlung der Elemente des Mundhöhlenbaues bei Gattungen der Superfamilie Rhabditoidea.

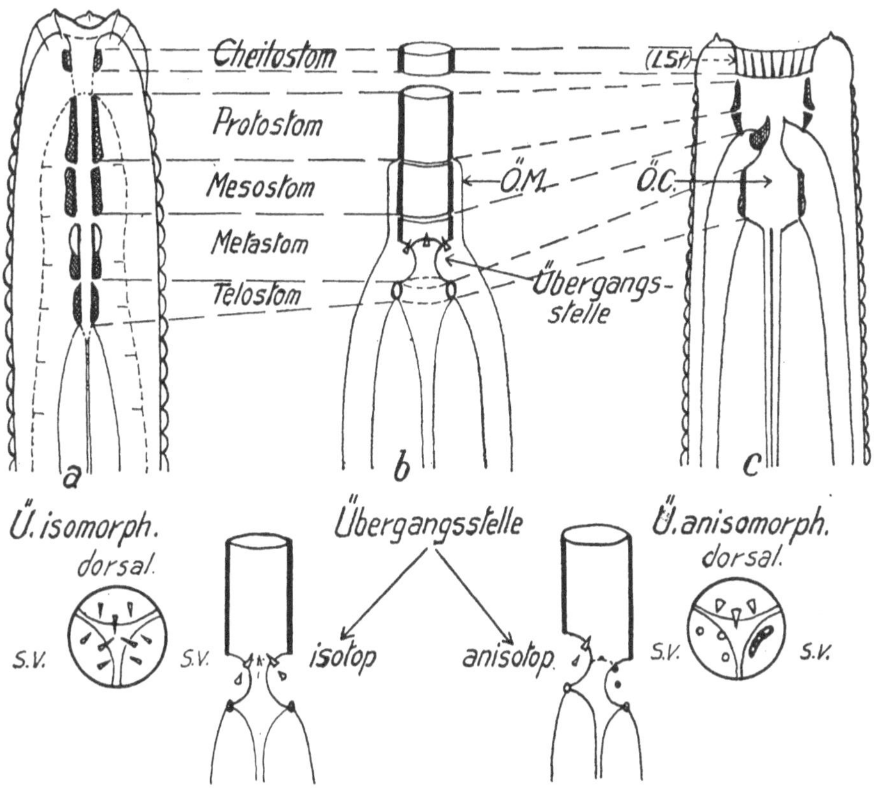

TAFEL VIII

1. Schema eines weiblichen Nematoden (Tylenchoidea)
2. Schema des Hinterendes eines Männchens (Tylenchoidea)

Abkürzungen: A = Anus (After,) Brs = Bursa, D = (größter) Körperdruchmesser, Da = Darm, Exp = Exkretionsporus, Gub = Gubernaculum, Ksk = Kopfskelett (Lippenstütze), L = (gesamte) Länge, Mb = Mittelbulbus, Md. Ndr = Mündung der dorsalen Nackendrüse, Ndr = Nackendrüsen, Nr = Nervenring, Ös = Ösophagus, Ov = Ovar (weibliche Gonade), Ph = Phasmidie, r. Ua = reduzierter (rudimentärer) Uterusast, Schw = Schwanz, Sl = Seitenfeld (mit Seitenlinien), Sp = Spicula, St = Mundstachel, Term = Terminus, V = Vulva

3. Weibchen von *Criconemoides*
4. Weibchen von *Heterodera*
5. Weibchen von *Nacobbus*
6. Tylenchoider Stachel
7. Aphelenchoider Stachel
8. Dorylaimoider Stachel
9. Stachel von *Diphtherophora*
10. Stachel von *Xiphinema*
11. Criconemoider Stachel
12. Tylenchoide Spicula mit Gubernaculum
13. Aphelenchoide Spicula

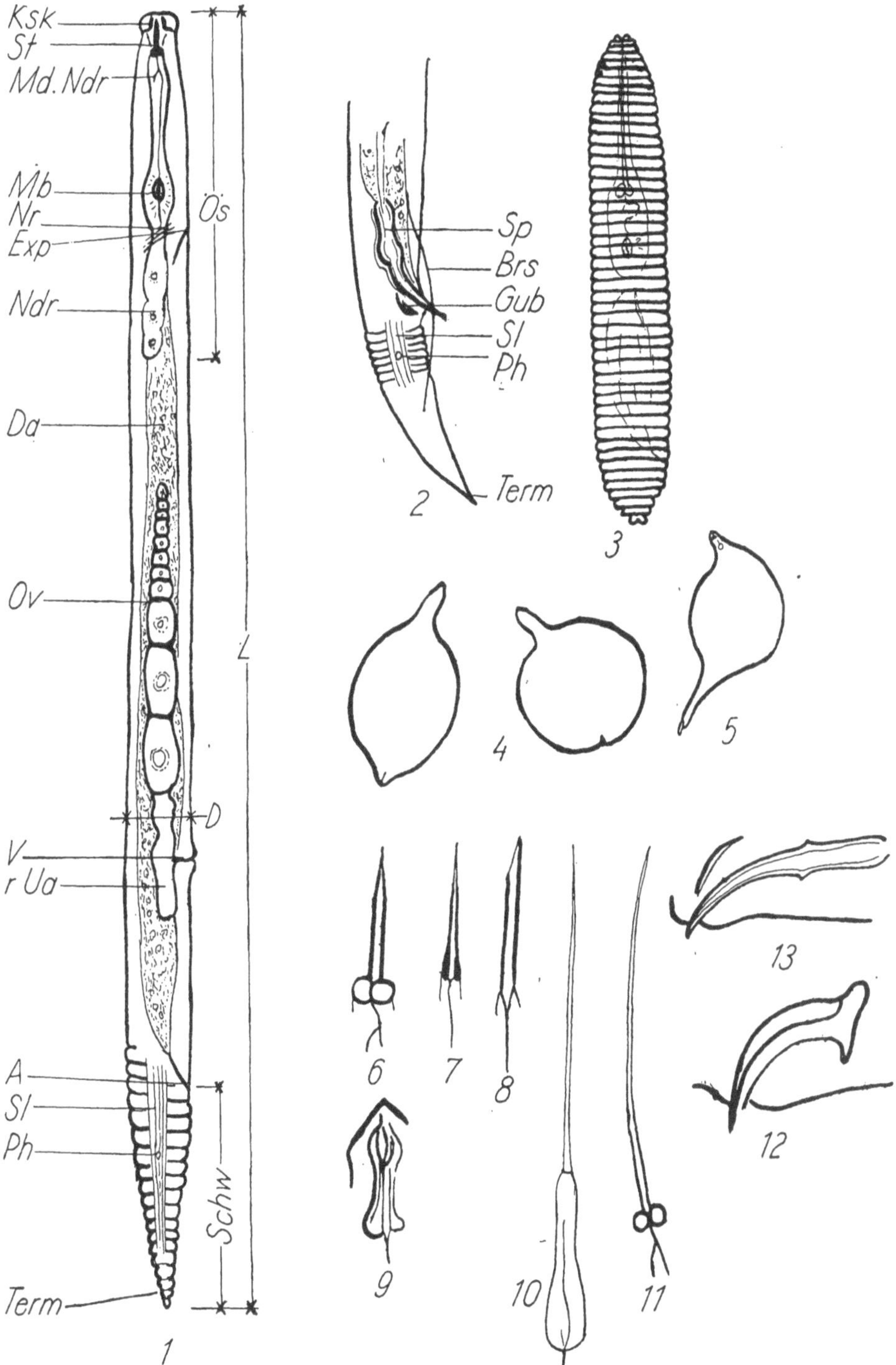
Ksk
St
Md.Ndr
Mb
Nr
Exp
Ös
Ndr
Da
Ov
L
D
V
r Ua
A
Sl
Ph
Schw
Term
1
Sp
Brs
Gub
Sl
Ph
Term
2
3
4
5
6
7
8
9
10
11
12
13

TAFEL IX

2. Vorderende von *Tylenchus*
3. Vorderende von *Paratylenchus*
4. Vorderende von *Neotylenchus*
5. Vorderende von *Aphelenchoides*
1. Vorderende von *Dorylaimus*

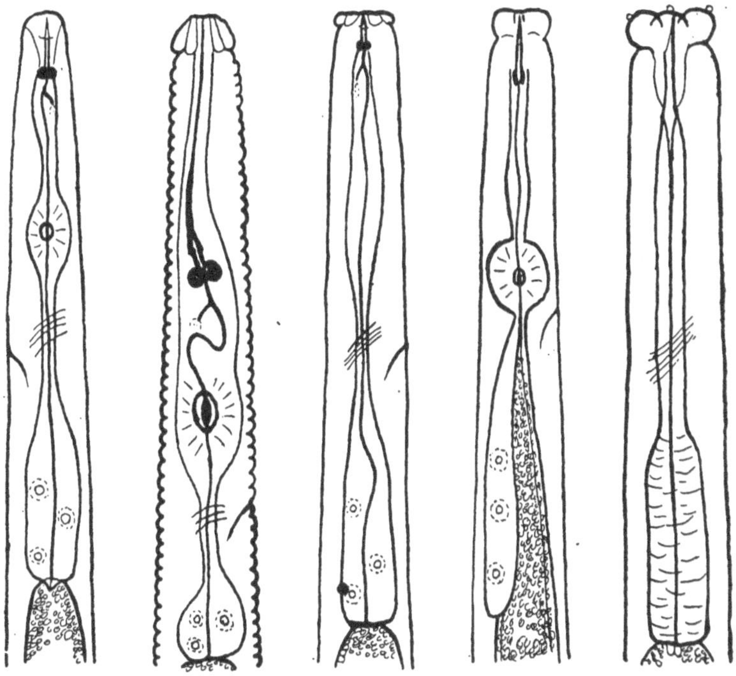

1 2 3 4 5

TAFEL X

1. Vorderende von *Hemicriconemoides*
2. a) Kopf b) Schwanz von *Rotylenchus* (Aufsicht)
3. a) Kopf b) Schwanz von *Hoplolaimus* (Aufsicht)
4. Lage der Nackendrüsen bei *Pratylenchus* und *Pratylenchoides*
5. Lage der Nackendrüsen bei *Radopholus*
6. Endbulbus mit Fortsatz bei *Paurodontus*
7. Schwanz von *Trophurus*
8. Schwanzformen a) fadenförmig, b) konisch zugespitzt, c) abgestumpft und gerundet, d) lang-keulenförmig mit abgerundeter Spitze, e) länglich-konisch mit aufgesetztem Spitzchen
9. Stachelknöpfe von *Hoplolaimus* und *Scutellonema*
10. Schwanz von *Metaphelenchus* (Aufsicht)
11. Lippenumriß a) abgesetzt, b) im Körperumriß liegend
12. Stachelform von *Stictylus* und *Paurodontus*

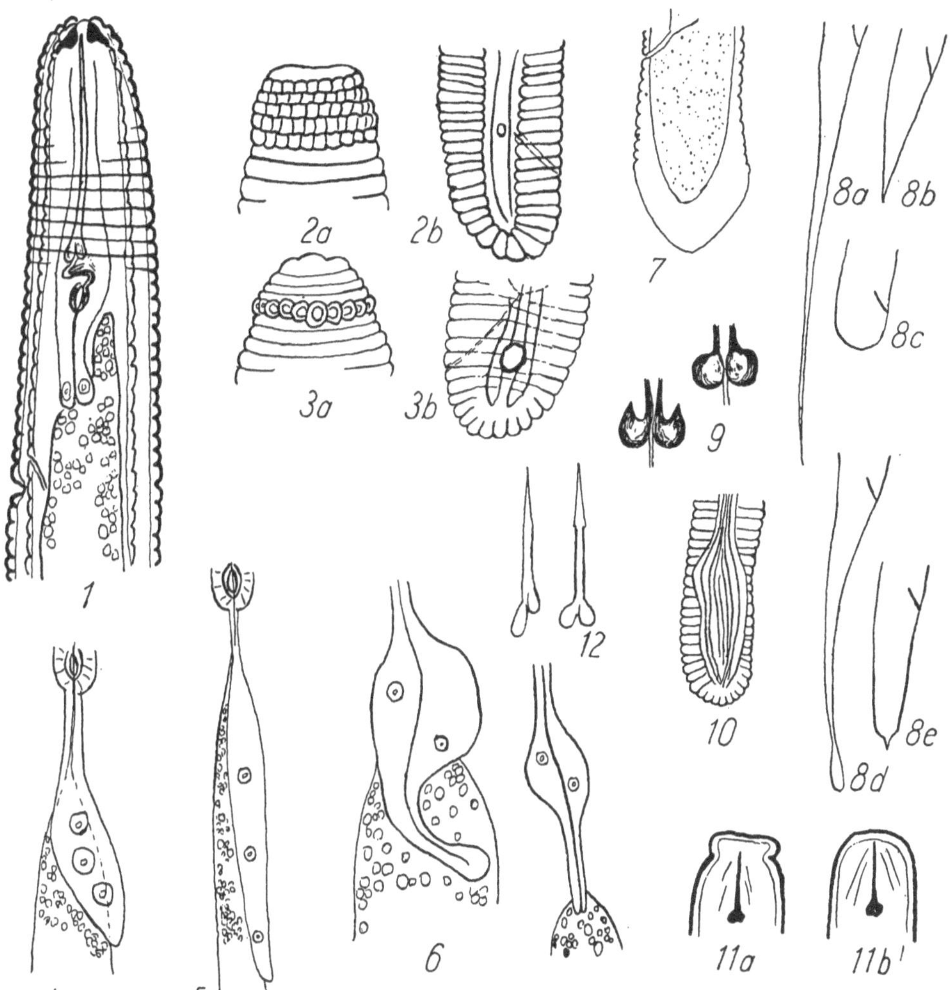
1
2a
2b
3a
3b
4
5
6
7
8a
8b
8c
8d
8e
9
10
11a
11b
12

TAFEL XI

1. Kopf von *Tylolaimophorus*
2. Schwanz mit Schwanzdarm von *Tylolaimophorus*
3. Kopf von *Discomyctus*
4. Ösophagushinterende und Cardia von *Tyleptus*
5. Ösophagushinterende und Cardia von *Oxydirus*
6. Cardia von *Swangeria*
7. Stachel von *Trichodorus*
8. Stachel von *Longidorus*
9. Stachel von *Longidorella*
10. Stachel von *Drepanodorus*
11. Stachel von *Leptonchus*
12. Einfacher Stachelführungsring
13. Doppelter Stachelführungsring
14. Stachel von *Miranema*
15. Stachel von *Dorylaimellus*
16. Stachel von *Triplonchium*
17. Stachel von *Doryllium*
18. Stachel von *Tylencholaimellus*
19. „Kegelporen" von *Lordellonema*

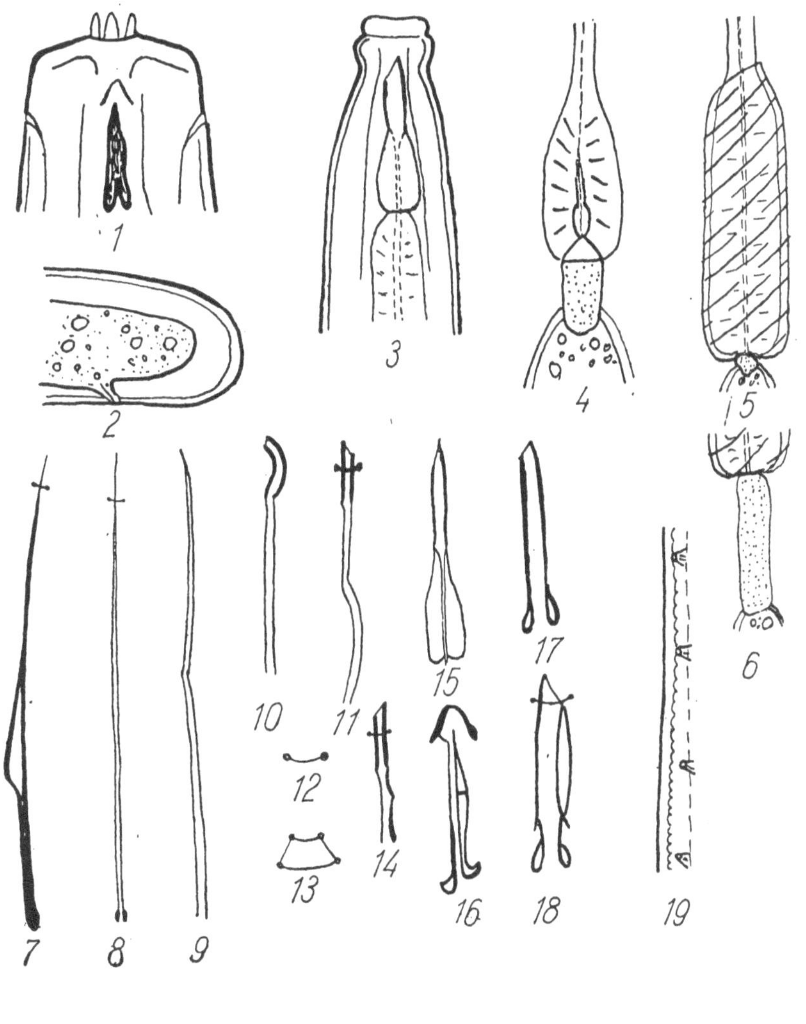
1
2
3
4
5
6
7
8
9
10
11
12
13
14
15
16
17
18
19

TAFEL XII

1. Vorderende von *Actinolaimus*, mit dorylaimoidem Seitenorgan
2. Vorderende von *Carcharolaimus*
3. Vorderende von *Mylodiscus*
4. Vorderende von *Antholaimus*
5. Vorderende von *Brasilaimus*, mit dorylaimoidem Seitenorgan
6. Vorderende von *Trachypleura*
7. Vorderende von *Nygolaimus*
8. Hinterende eines Männchens mit dorylaimoiden Spicula und getrennt stehenden Präanalorganen
9. Präanalorgane einander berührend
10. Präanalorgane in Gruppen stehend
11. Vulva schräg, Vulvalippen nicht cuticularisiert
12. Vulva senkrecht, Vulvalippen cuticularisiert

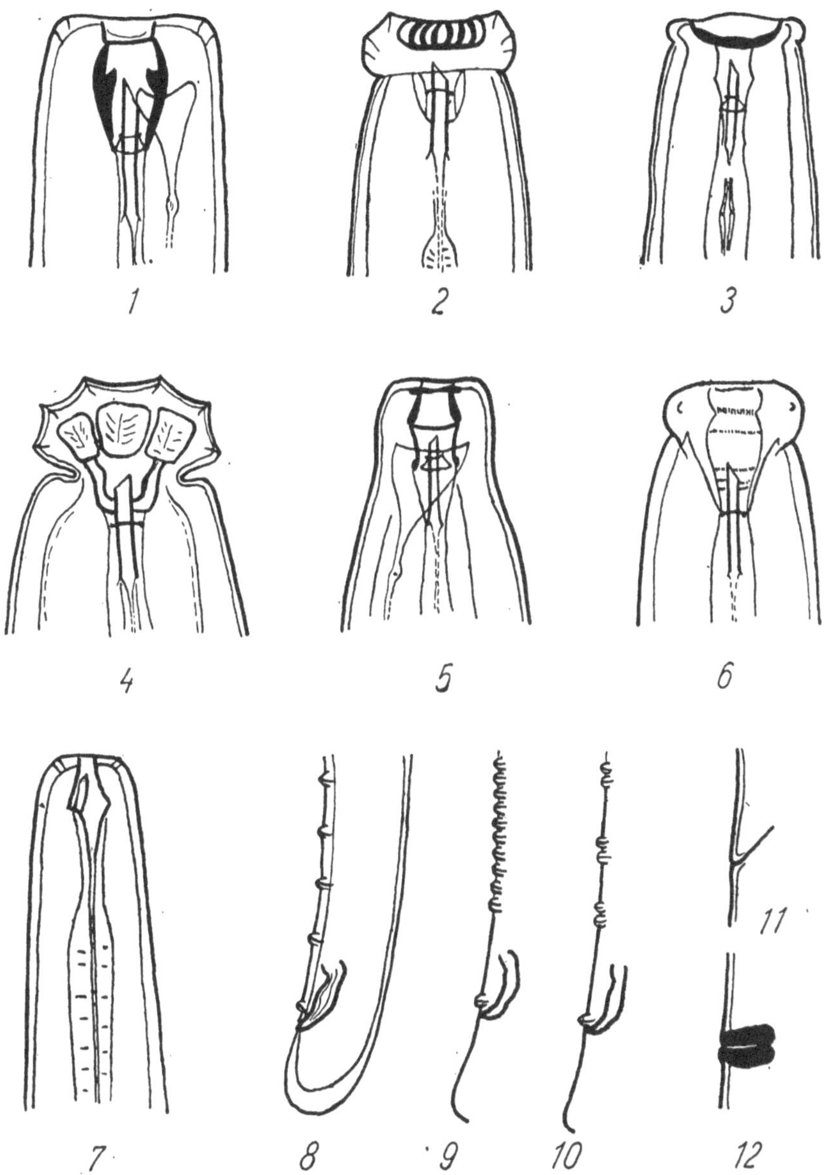
1
2
3
4
5
6
7
8
9
10
11
12

TAFEL XIII

Die obere Reihe (a, b, c, d) zeigt den Vorderabschnitt einer *Bunonema*-Art in vier verschiedenen Körperlagen. Die jeweilige Lage ist aus den darunter befindlichen Körperquerschnitten durch die Vulvagegend ersichtlich.

LSL = linke Seitenlage V = Vulva
V.L. = Ventrallage F = Flossensaum
R.Sl = rechte Seitenlage L = Kriechleisten
D.L. = Dorsallage W = Warzen oder andere Ornamente

1—5 zeigen die Cuticularstrukturen der rechten Körperseite und 6 die Ansicht in Seitenlage der 6 Untergattungen der Gttg. *Bunonema*, darunter die entsprechenden Körperquerschnitte.

1 = U-Gttg. *Bunonema*
2 = ,, *Rhodolaimus*
3 = ,, *Stammeria*
4 = ,,, *Aspidonema*
5 = ,, *Craspedonema*
6 = ,, *Serronema*
7 = Ansicht des weiblichen Schwanzendes einer *Bunonema*-Art in Seitenlage
8 = Ansicht des männlichen Schwanzendes in Dorsallage

Aus den Zeichnungen dürfte der asymmetrische Bau der rechten und linken Cuticulahälften hervorgehen.

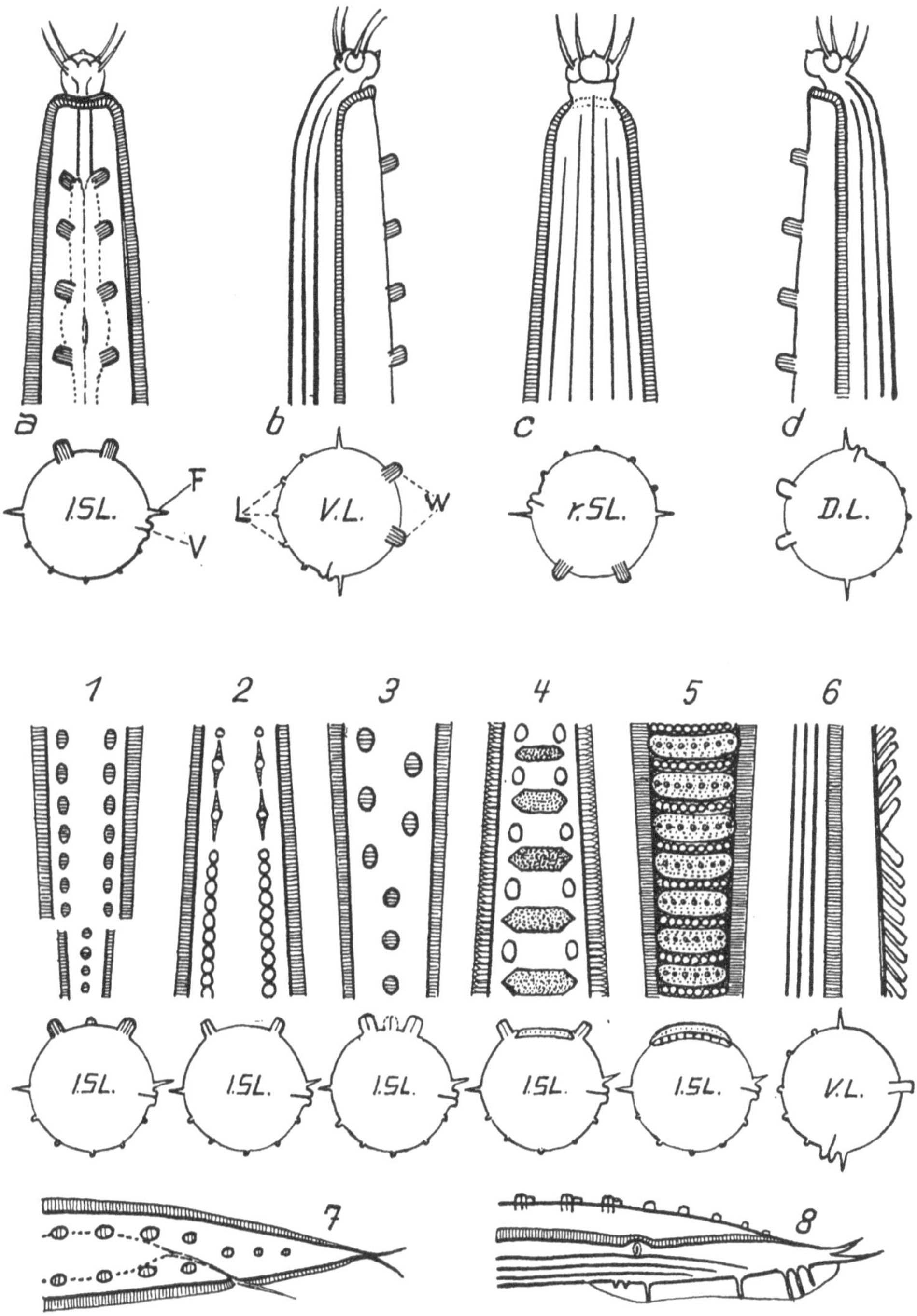
a
b
c
d
l.SL.
F
V
L
V.L.
W
r.SL.
D.L.
1
2
3
4
5
6
l.SL.
l.SL.
l.SL.
l.SL.
l.SL.
V.L.
7
8

TAFEL XIV

Erklärung der Abkürzungen

Obere waagerechte Reihe:	Ö.	= Ösophagus
	Ü.	= Übergangsstelle (s. a. VII)
	Lr.	= Lippenstützring
	Str.	= Metastom-Strukturen
	♂	= Schwanzende der Männchen
	Gr.	= Gruppe
	U.G.	= Untergattung
Rechte senkrechte Reihe:	Pa.	= U.-Gttg. *Paroigolaimella*
		erl. = *erlangensis*-Gruppe
		copr. = *coprophagus*-Gruppe
	Di.	= U-Gttg. *Diplogaster*
		schn. = *schneideri*-Gruppe
		grac. = *gracilis*-Gruppe
		nudi. = *nudicapitatus*-Gruppe
		riva. *rivalis*-Gruppe
	Dlls.	= U-Gttg. *Diplogastrellus*
		inaeq. = *inaequidens*-Gruppe
	Pri.	= U-Gttg. *Pristionchus*
		lher. = *lheritieri*-Gruppe
	Mic.	= U-Gttg. *Micoletzkya*
	Eudip.	= U-Gttg. *Eudiplogaster*
		stria. *striatus*-Gruppe
		levi. *levidentus*-Gruppe
	Ne.	= Gttg. *Neodiplogaster*

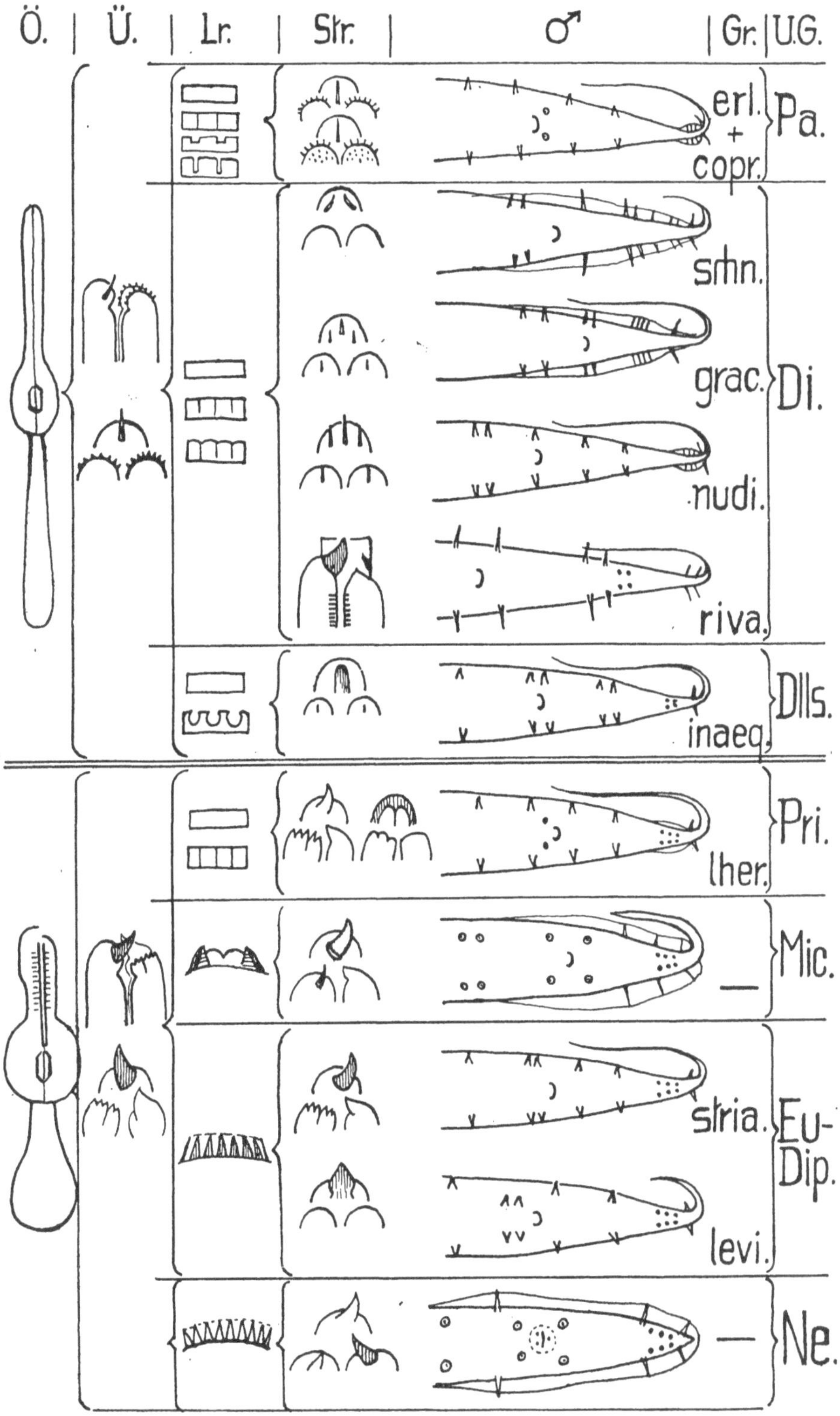
Ö.
Ü.
Lr.
Str.
♂
Gr.
U.G.
erl. + copr.
Pa.
sthn.
grac.
nudi.
riva.
Di.
inaeq.
Dlls.
lher.
Pri.
—
Mic.
stria.
levi.
Eu-Dip.
—
Ne.

FSC
www.fsc.org
MIX
Papier | Fördert gute Waldnutzung
FSC® C083411

Zeitfracht Medien GmbH
Ferdinand-Jühlke-Straße 7
99095 Erfurt, Deutschland
produktsicherheit@kolibri360.de